LES GRANDES
INVENTIONS
DES TEMPS MODERNES

PAR

AD. FOCILLON

PROFESSEUR DE L'UNIVERSITÉ EN RETRAITE
OFFICIER DE LA LÉGION D'HONNEUR ET DE L'INSTRUCTION PUBLIQUE

DEUXIÈME ÉDITION

TOURS
ALFRED MAME ET FILS, ÉDITEURS

M DCCC LXXXVII

LES

GRANDES INVENTIONS

IN-8° SÉRIE ILLUSTRÉE

LES

GRANDES INVENTIONS

INTRODUCTION HISTORIQUE

§ 1. — Stérilité des huit premiers siècles du moyen age

Les peuples qui se sont formés en nations distinctes sur le sol de l'Europe, après la chute de l'empire romain, n'ont pendan t long-temps produit aucune invention remarquable, ni dans les arts, ni dans les sciences, ni même dans les travaux de l'industrie. Du Ve au Xe siècle, les invasions se sont succédé à courts intervalles. Ce sont d'abord les peuples germains qui se répandent en Italie, en Gaule, en Espagne et en Angleterre. De ce premier mouvement naît l'empire des Francs, dont Charlemagne est la glorieuse personnifi-cation. L'invasion germanique a commencé en 406 après Jésus-Christ, et Charlemagne a été sacré empereur d'Occident par le pape Léon III, en l'an 800.

Parmi les causes nombreuses qui ont ruiné rapidement cet em-pire, il faut compter l'invasion des Normands, qui commence presque aussitôt après la mort du grand empereur. Elle désole la France pendant cent ans, jusqu'à la fondation du duché de Nor-mandie (911). En même temps, sous le nom de Danois, les mêmes envahisseurs se jetèrent sur l'Angleterre et en disputèrent la pos-session pendant deux cents ans aux Anglo-Saxons. Les uns et les autres furent subjugués, en 1066, par les Normands de France, que conduisait Guillaume le Bâtard, surnommé dès lors le Conquérant.

Cependant une autre invasion avait, dès le VIIIe siècle, atteint le midi de l'Europe. En 622, les Arabes de Médine, se levant à la voix de Mahomet, soumirent l'Arabie à une religion nouvelle. Ses successeurs conquirent rapidement la Syrie, la Perse, l'Égypte et toute la côte septentrionale de l'Afrique. En 711, ils se rendirent maîtres de la plus grande partie de l'Espagne. Les chrétiens indépendants, réfugiés dans les montagnes des Asturies, ne purent chasser du territoire espagnol les descendants de ces envahisseurs qu'après une lutte de près de huit cents ans (711-1492).

Enfin, dans une autre partie de l'Europe, le ıx^e siècle vit une invasion bien plus terrible. Chassés de la Russie méridionale par des hordes venues de l'Asie, refoulés vers le Danube, les Hongrois, s'unissant aux Magyars, dont ils adoptèrent le nom, se répandirent de l'est à l'ouest, en Transylvanie et en Bohême. Ils parvinrent, en 900, jusque sur les bords du Rhin. L'effroi fut immense. Les peuples de l'Europe occidentale employèrent la plus grande partie du xe siècle à les repousser et à les contenir dans les plaines de la Theiss, qu'ils occupent encore aujourd'hui.

Ainsi les luttes sanglantes, les souffrances inouïes des invasions absorbèrent toute l'attention et tous les efforts de dix-huit générations d'hommes, jusque vers l'an 1000. L'approche de cette date redoutée apaisa un instant les peuples de l'Europe, lassés de tant de maux. Le monde chrétien semblait s'abîmer dans des luttes sans fin et sans exemples jusque-là. Une vieille tradition le menaçait de voir, en l'an 1000, la fin du monde. Les hommes de ces malheureux temps y crurent volontiers. Ils attendirent avec une sorte de stupeur cette catastrophe fatale. Elle ne vint pas, et, contre toute attente, le xı^e siècle s'ouvrit et se continua comme ceux qui l'avaient précédé.

Alors les nations européennes entrèrent dans une nouvelle période. Les papes, chefs de l'Église catholique, entreprirent d'organiser et de gouverner les royaumes chrétiens d'après les principes de l'Église. Ils eurent dans cette entreprise pour rivaux et pour adversaires les empereurs d'Allemagne, héritiers du titre et des souvenirs impérissables de Charlemagne. Cette *lutte du sacerdoce et de l'empire*, c'est-à-dire des papes et des empereurs, dura deux siècles, de 1059 à 1250. Dans le même temps, les papes, éveillant l'enthousiasme des chrétiens, les appelèrent, au nom de Dieu lui-même, à s'unir pour combattre les ennemis, quels qu'ils fussent, de leur foi religieuse. Ce fut la période des croisades, de 1095 à 1270. Les principales de ces guerres sacrées eurent pour objet la délivrance des lieux saints, où Jésus-Christ a vécu, souffert et reçu la sépulture. Elles furent dirigées contre les musulmans, ou sectateurs de Mahomet, qui occupèrent tour à tour la Syrie, la Palestine et l'Égypte.

Outre la lutte du sacerdoce et de l'empire, outre les croisades, l'Europe vit naître, vers la fin du XIᵉ siècle, une autre lutte non moins célèbre et destinée à durer beaucoup plus longtemps : c'est la rivalité de la France et de l'Angleterre, qui aboutit à la fameuse guerre de Cent ans. Cette rivalité commença peu de temps après que le duc de Normandie Guillaume eut conquis l'Angleterre (1066). La guerre de Cent ans, ouverte en 1337, ne se termina qu'en 1453. Elle avait, dans l'intervalle, mis la France à toute extrémité. Elle l'avait contrainte, en 1422, à recevoir un roi anglais, le jeune Henri VI, fils du victorieux Henri V d'Angleterre et petit-fils de l'insensé Charles VI de France. Mais l'intervention miraculeuse de Jeanne d'Arc (1429-1431) prépara l'expulsion définitive des Anglais et le règne réparateur de Charles VII.

§ 2. — INFLUENCE DES CROISADES SUR L'EUROPE OCCIDENTALE

En résumé, jusqu'à la fin du XIᵉ siècle, les guerres, les violences matérielles dominent dans la vie des peuples de l'Europe. Les travaux de l'esprit sont étouffés au milieu de tant de désordres. Au fond des cloîtres seulement se conservent, avec les manuscrits des anciens, des restes de leur littérature et de leurs connaissances scientifiques. Dans les ateliers des artisans se perpétuent, avec bien des altérations, les procédés employés jadis par les ouvriers grecs et romains. C'est ainsi que pendant les longs siècles du moyen âge les peuples européens vécurent à peu près exclusivement avec les méthodes de travail qu'ils avaient héritées des anciens.

La période des croisades changea cet état de choses. Les chrétiens, tout en leur faisant la guerre, eurent des relations très fréquentes avec les musulmans d'Orient. Ils connurent alors la brillante civilisation des Arabes et les produits de leurs industries. Ils connurent même leurs procédés de fabrication, les imitèrent et les rapportèrent en Europe. C'est ainsi qu'au XIIᵉ et au XIIIᵉ siècle, Parme et Milan commencèrent à fabriquer ces tissus dont Damas avait eu jusque-là le privilège. Venise, si activement mêlée aux entreprises des croisades et au commerce qui en fut la suite, apprit des Syriens l'art de mieux manier le verre, et par exemple d'en faire des miroirs à glaces, pour remplacer les plaques de métal ordinairement employées jusque-là. Les hommes de l'Occident s'instruisirent à filer et à tisser la soie, le lin et le coton. On apporta de l'Asie la canne à sucre ; elle fut cultivée dans les parties les plus chaudes de la Sicile et de l'Espagne, et le sucre remplaça peu à peu le miel, jusqu'alors exclusivement en usage. Il serait trop long d'énumérer tout ce qu'échan-

gèrent de connaissances et d'idées les peuples qui se heurtèrent et
se mélangèrent ainsi en Orient pendant deux siècles (1095 à 1270).
Il semble même que quelques nouveautés importantes furent ainsi
révélées à l'Europe occidentale. Ainsi, jusqu'au XIIIᵉ siècle, tous les
manuscrits s'exécutaient sur parchemin. Mais, vers la fin de ce
siècle, on connut le papier de linge, ce précieux auxiliaire de l'écriture et plus tard de l'imprimerie. Cent ans après il remplaça uni-
versellement le parchemin.

§ 3. — LA POUDRE A CANON

Dans le même siècle, les Européens paraissent avoir reçu les

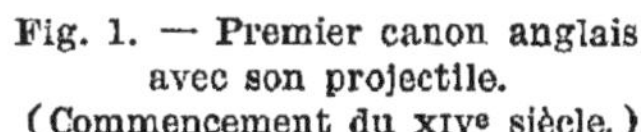

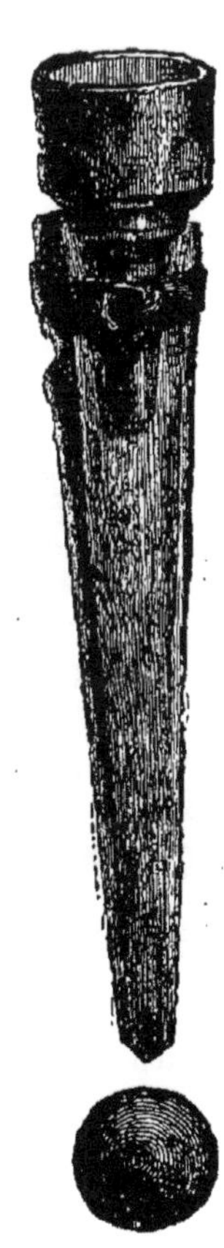

Fig. 1. — Premier canon anglais,   Fig. 2. — Canon d'Édouard III à la bataille
avec son projectile.   de Crécy (1346),
(Commencement du XIVᵉ siècle.)   avec son projectile.

premières notions sur la poudre et ses propriétés explosives. Cette
matière, si importante dans l'art funeste de la guerre, semble

avoir été apportée en Europe par les Sarrasins. Elle était déjà en usage dans les machines militaires des Européens au milieu du XIIIe siècle. Au commencement du XIVe, les canons et les mortiers furent inventés, pour employer la poudre à lancer des boulets et de la mitraille (fig. 1 et 2). Enfin, vers 1380, on imagina de construire des tubes plus petits, facilement portatifs. On les nommait *canons à main* ou *coulevrines*. Pour tirer, on les plaçait sur un chevalet et on allumait la poudre à l'aide d'une mèche enflammée que l'on approchait avec la main. Un peu plus tard, on raccourcit le tube en fer ou canon, et on le fixa sur une rainure en bois, terminée du côté du tireur par une crosse recourbée. Cette nouvelle arme prit le nom d'*arquebuse*. Puis, beaucoup plus tard, lui succédèrent le mousquet et le fusil.

§ 4. — La boussole

Une autre importation de l'Orient, moins belliqueuse mais beaucoup plus importante pour les progrès de nos connaissances, est

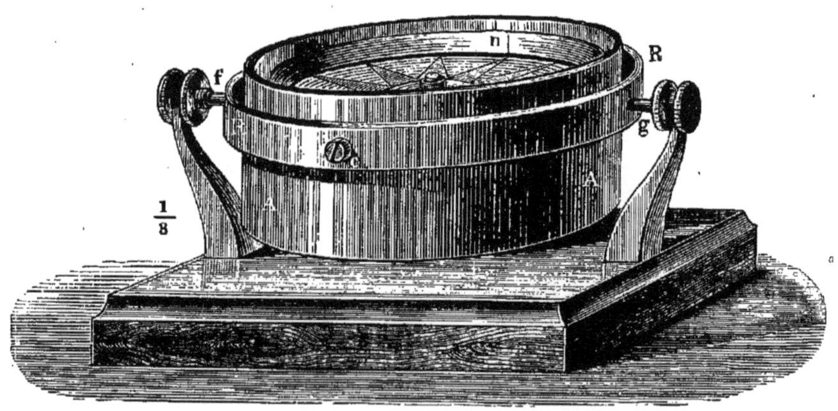

Fig. 3. — La boussole des marins.

A, boîte en laiton renfermant l'aiguille aimantée et portant en dessus la rose des vents; — *n*, marque inscrite sur le bord de la boîte et indiquant la direction dans laquelle marche le navire; — R, cercle de laiton sur lequel est suspendue la boîte au moyen de deux tourillons, dont un seul se voit en *c*; — *f g*, tourillons par lesquels est suspendu le cercle R. ($^{1}/_{3}$ de la grandeur naturelle.)

celle de la *boussole*, ou *compas de route* des marins. On lui donna d'abord bien des noms différents : *calamite, marinette, magnète,* ou simplement *aiguille*. Ces divers noms rappellent que l'instrument a pour pièce essentielle une aiguille aimantée. Placée sur un pivot où elle puisse librement se tourner vers tels ou tels points de l'horizon, cette aiguille se dirige naturellement suivant une ligne qui va du sud au nord (fig. 3). La boussole fournit donc aux marins, lorsqu'ils naviguent loin des côtes, une indication bien précieuse. L'aiguille tourne l'une de ses pointes vers le nord, de telle manière que le navigateur connaît par cela même la position des quatre points cardinaux sur l'horizon qui l'environne. Dès que les marins européens furent en possession de ce merveilleux instrument, ils apprirent promptement à traverser les océans. Bientôt vint pour eux l'époque des grandes découvertes géographiques. Il paraît aujourd'hui certain que les Arabes avaient connu l'usage de la boussole des marins chinois qu'ils rencontraient dans les mers de l'Inde. A leur tour, ils révélèrent cet instrument aux Européens qui faisaient le commerce dans les mers du Levant. A la fin du XIIe siècle, la boussole était employée dans la Méditerranée, mais sous une forme très grossière. A mesure qu'elle se perfectionna, les marins, plus confiants, s'aventurèrent plus facilement loin des côtes. Enfin, dans les dernières années du XVe siècle, guidés par cette aiguille bienfaisante, les Portugais trouvèrent la route des Indes en contournant l'Afrique, et les Espagnols s'avancèrent à travers l'Atlantique vers le monde nouveau des deux Amériques.

§ 5. — L'IMPRIMERIE

A la limite de la période historique qu'on appelle le *moyen âge* (406-1453), aux temps où a commencé *l'âge moderne*, une invention d'une importance exceptionnelle s'est produite parmi les nations européennes de l'Occident. Elle a modifié toutes leurs conditions d'existence et leurs rapports intellectuels. Je veux parler de l'invention de l'imprimerie. Elle se rapporte au milieu du XVe siècle, aux temps où l'empire grec de Constantinople succombait définitivement sous le sultan des Turcs ottomans, Mahomet II (1453); où les victoires de Formigny et de Castillon (1453) délivraient la France de la domination anglaise et terminaient la guerre de Cent ans.

Durant toute l'antiquité, malgré le développement extraordinaire des lettres et des sciences chez les Grecs et les Romains, il n'avait pas existé un livre qui n'eût été tracé de main d'homme. L'auteur écrivait son manuscrit, puis celui-ci était reproduit par les soins d'une classe spéciale d'artisans nommés *copistes*. Les livres n'étaient en réalité que des copies du manuscrit de l'auteur. De cette façon ils étaient fort chers et assez rares. De plus il arrivait très fréquemment que les copistes introduisaient des erreurs. Leurs successeurs les reproduisaient inévitablement. Enfin chaque exemplaire était le fruit d'un travail manuel extrêmement long, si on le compare aux procédés actuels de l'imprimerie (fig. 4 et 5).

Les anciens avaient déjà imaginé un moyen de reproduire, par une sorte d'impression, certaines formules très fréquemment usitées. Ainsi les employés publics, les magistrats, les empereurs même, chez les Romains, avaient des espèces de timbres à caractères gravés en relief. En les enduisant d'une matière colorée, on imprimait sur les actes publics certains mots ou certaines phrases très courtes. Les médecins usaient du même procédé pour donner à leurs malades des ordonnances médicales d'un emploi courant. Les potiers, les verriers imprimaient à l'aide de matrices ou moules

Fig. 4. — Cinq rouleaux (volumes) de manuscrits liés ensemble, trouvés dans une maison romaine d'Herculanum.

Fig. 5. — Huit rouleaux ou volumes, contenus dans leur cassette ou *capsa*, trouvés à Herculanum.)

à reliefs, sur la pâte molle et crue, ou sur le verre incandescent, leur nom, de courtes inscriptions, ou des arabesques et sujets divers. Ce procédé, varié à l'infini, demeura en usage pendant tout le moyen âge. Vers le milieu du xive siècle, le besoin de reproduire en très grand nombre les cartes à jouer, dont l'emploi était alors tout récent, provoqua l'invention de la gravure sur bois. On dispose des planches de bois dur, et sur une de leurs faces on grave en relief les cartes qu'on veut imprimer. La planche ainsi préparée, on recouvre les reliefs d'une encre grasse, puis on appuie sur du papier en pressant fortement. Chaque feuille de papier reçoit l'empreinte des cartes gravées sur le bois. Cette invention date à peu près de 1395, et il n'est pas très facile de retrouver le nom de celui à qui elle est due.

Après avoir imprimé de cette façon des figures, on ne tarda pas à procéder de même pour imprimer des pages chargées de lettres. C'est là ce qu'on appelle l'*impression tabellaire* (c'est-à-dire au moyen de tables gravées), ou *impression xylographique* (c'est-à-dire au moyen de bois gravés). On commença à fabriquer ainsi des livres en Belgique, en Hollande, en Bavière. Il existe un célèbre abrégé de la Bible en latin, imprimé vers 1420 au moyen de tables de bois gravées.

Ce procédé réalisait un progrès considérable pour l'époque. Il permettait de produire des exemplaires d'un même livre bien plus vite que ne le faisaient les copistes ; mais il donnait une impression grossière. Pour imprimer un livre de deux cents pages, par exemple, il fallait un matériel de deux cents planches gravées. De plus, ce matériel encombrant se détériorait facilement sous l'influence de la sécheresse ou de l'humidité. La grande invention fut donc celle qui remplaça les planches gravées en relief par des lettres isolées et mobiles qui, groupées selon les besoins, peuvent servir successivement à l'impression de plusieurs livres. C'est là l'*imprimerie* proprement dite, ou *imprimerie typographique* (à l'aide de caractères gravés).

Les origines de l'imprimerie typographique sont encore obscurcies par beaucoup d'incertitudes. Cependant voici ce qui paraît aujourd'hui hors de doute. Jean Gutenberg, né à Mayence vers 1400, était un graveur sur pierres précieuses et sur métaux. En 1434 il habitait Strasbourg, où il paraît s'être occupé, dès 1436, d'une invention relative à la fabrication des livres imprimés. L'idée principale était l'emploi de lettres sculptées à l'extrémité de baguettes en bois dur. En réunissant ces baguettes, il formait des mots rangés en lignes régulières. Puis il maintenait ces lignes unies par un cadre de bois ou *forme*, de manière à obtenir la composition d'une page. En 1450, revenu à Mayence et ayant déjà dépensé bien de l'argent sans obtenir un succès complet, il s'associa un de ses compatriotes nommé Jean Fust ou Faust, qui lui fournit de nouvelles ressources. Pendant qu'ils poursuivaient de persévérantes tentatives, un des ouvriers de Jean Fust, nommé Pierre Schœffer, imagina de graver des moules ou matrices en métal pour y couler des caractères en étain ou en cuivre (fig. 6). Ce fut la solution cherchée depuis si longtemps. Ce perfectionnement nouveau date probablement de 1453. Deux ans plus tard, Gutenberg se sépara de ses deux associés pour fonder une imprimerie distincte, qui paraît avoir peu prospéré, tandis que celle de Fust et Schœffer fut longtemps florissante. En 1462, à la suite de la prise de Mayence, plusieurs ouvriers imprimeurs se dispersèrent en divers pays, et fondèrent à leur tour des imprimeries rivales à Rome (1465), à Venise (1469), en France et en Suisse (1470), en Hollande et en Belgique (1473), en Angleterre et en Espagne (1474). Ainsi, dans un espace de douze années, l'art nouveau fut pratiqué dans les plus grands États de l'Europe. Puis il pénétra dans le Danemark en 1482 ; l'année suivante, en Suède. Le Portugal ne le reçut qu'en 1489, la Turquie en 1490, et la Russie seulement en 1563.

En ce qui concerne la France, ce fut Paris qui posséda la première imprimerie; elle fut fondée sous le patronage de Jean de la Pierre, prieur de la Sorbonne, et de Guillaume Fichet, docteur en théologie. Ils installèrent dans les bâtiments mêmes de la Sorbonne les trois imprimeurs allemands Ulric Géring, Michel Friburger et Martin Crantz. Leur imprimerie fut transportée, en 1473, dans la rue Saint-Jacques. De 1470 à 1500, vingt-six villes plus ou

Fig. 6. — Jean Gutenberg montre le premier livre imprimé
avec des caractères mobiles, et explique les avantages de son invention.
(Né vers 1400, mort en 1468.)

moins importantes des diverses provinces de France virent successivement s'ouvrir dans leurs murs des établissements de ce genre; de telle sorte qu'en moins de cinquante ans les copies qui constituaient les anciens livres furent remplacées presque complètement par des milliers d'ouvrages imprimés.

L'invention de l'imprimerie changea rapidement toutes les habitudes intellectuelles en vigueur jusqu'à cette époque. Les classes inférieures de la société purent se procurer à bien meilleur compte les moyens de s'instruire. Lorsque s'agitèrent, au commencement du xvie siècle, les controverses religieuses soulevées par Luther, Calvin et les autres promoteurs de la réforme, l'imprimerie fournit aux docteurs engagés dans la lutte des moyens inconnus jusque-là de répandre leurs idées, non seulement dans les écoles, dans les châteaux, mais jusque dans les moindres chaumières. Enfin, si l'on considère aujourd'hui quel pouvoir énorme possèdent les livres, et surtout les journaux, on peut se rendre compte de la révolution opérée dans le monde par l'invention de Gutenberg, Fust et Schœffer.

§ 6. — La Renaissance

Le xvi° siècle, précédé d'inventions comme celles de la poudre à canon, de la boussole et de l'imprimerie, vit réellement naître en Europe un monde nouveau.

La guerre changea complètement de caractère. La force brutale, la vigueur des coups rudement portés et fièrement reçus, perdit peu à peu son importance. La science des mouvements militaires, l'art de diriger les soldats joua un rôle de plus en plus considérable dans les résultats de ce jeu sanglant. En un mot, les qualités de l'esprit reprirent leur légitime influence sur les forces corporelles, même au milieu des batailles.

L'essor tout nouveau que prit l'art naval mit peu à peu l'Europe en communication avec toutes les parties du monde. Les plus grands peuples n'avaient connu jusque-là que des parties restreintes de notre terre. Depuis que la boussole guida les marins à travers les plus vastes océans, les Européens découvrirent les deux tiers du monde, dont ils ignoraient l'existence. Ce fut, en 1487, Vasco de Gama, contournant l'Afrique pour arriver aux Indes et reconnaître les côtes orientales de l'Asie. Ce furent Christophe Colomb (1492) (fig. 7), Fernand Cortez (1519), Magellan (1520), Pizarre (1529), révélant un continent nouveau, celui des deux Amériques, et donnant des possessions immenses aux couronnes d'Espagne et de Portugal.

Les voyages se succédèrent sans relâche à travers ces pays nouveaux. Les Hollandais, les Anglais et les Français rivalisèrent bientôt avec les Portugais et les Espagnols. Des colonies parvinrent à prendre racine sur ces territoires naguère encore inconnus. Tous les peuples de la terre apprirent chacun à leur tour qu'il existait des Européens, et que ces nations privilégiées avaient su se ménager, par leur savoir et leur industrie, des moyens de puissance d'une incroyable supériorité. D'une autre part, les Européens eux-mêmes virent s'élargir le cercle de leurs idées à mesure que s'étendaient leurs connaissances. En même temps leur commerce prit

une extension dont l'histoire n'offrait aucun exemple, et il fournit
mille objets nouveaux propres à satisfaire les besoins des hommes.

Fig. 7. — Christophe Colomb, avec ses compagnons, débarque pour la première fois sur le sol de l'Amérique, et en prend possession au nom de la couronne d'Espagne (12 octobre 1492).

Mais la révolution la plus remarquable s'accomplit par l'imprimerie, dans les lettres, les arts et les sciences. Les plus belles
œuvres de l'antiquité grecque et romaine avaient jusque-là trouvé,
loin des nouveaux peuples occidentaux, un sanctuaire respecté à

Constantinople, dans la capitale de cet empire romain d'Orient qu'on appelait l'empire grec. Lorsque Mahomet II eut pris d'assaut Constantinople (1453), les Grecs fugitifs accoururent en Italie, implorant la protection du pape et des chrétiens, et apportant avec eux les chefs-d'œuvre des grands esprits de l'antiquité. Toutes les études, les goûts et les idées de l'Occident changèrent en peu d'années.

Les écrivains profanes, philosophes, poètes, orateurs et savants, exercèrent bientôt sur tous les esprits une influence prédominante. L'Italie fut la première en Europe à ressentir cet enthousiasme irrésistible pour les œuvres des anciens. La France et l'Allemagne ne tardèrent pas à suivre le même courant. Cet amour pour l'antiquité et tout ce qu'elle avait produit de beau provoqua des essais nombreux d'imitation. Le culte des lettres, des sciences et des arts grandit sous l'inspiration de semblables modèles. Il semblait qu'après une longue nuit les Occidentaux retrouvaient un foyer de lumières longtemps oublié. C'était comme une résurrection de l'esprit humain, et le siècle qui la vit se produire a conservé le nom d'*époque de la Renaissance.*

Les arts de la peinture et de l'architecture atteignirent les premiers un degré de perfection comparable à celle de l'antiquité. L'Italie, devançant les autres nations de l'Europe, enfanta, dans ce merveilleux xvi° siècle, une élite d'artistes à la tête desquels brillèrent les peintres Michel-Ange (1474-1564), Raphael (1483-1520) (fig. 8), le Titien (1477-1576), Paul Véronèse (1528-1588), le Corrège (1494-1534), l'architecte Bramante (1444-1514). La France, éprise de ces beaux génies, les attirait alors par une fastueuse hospitalité, les imitait de son mieux, et pouvait déjà citer avec fierté, parmi ses architectes et ses sculpteurs : Pierre Nepveu, Jacques d'Angoulême, Pierre Lescot (1510-1571), Philibert Delorme (1518-1577), Germain Pilon (1515-1590) et Jean Goujon (1520-1572).

Les lettres prenaient un essor moins rapide, mais devaient aussi arriver bientôt à des chefs-d'œuvre. L'Italie, encore charmée des œuvres poétiques de Dante (1265-1321) et de Pétrarque (1304-1374), s'enorgueillissait, au xvi° siècle, de posséder l'historien politique Machiavel (1469-1527) et les poètes le Tasse (1544-1595) et l'Arioste (1474-1534). La France commençait à produire des écrivains dignes de mémoire, tels que Montaigne (1533-1592) et Malherbe (1555-1628). Enfin l'Angleterre produisait dans ce même siècle deux génies exceptionnels, le poète dramatique Shakspeare (1564-1616) et le philosophe François Bacon (1560-1626). Ce dernier, dans un immortel ouvrage, indique la voie nouvelle où

devaient s'engager ceux qui étudient les phénomènes naturels. Il
apprit aux gens de science à estimer avant tout le témoignage de
l'expérience et de l'observation. Il prépara ainsi les brillantes découvertes qui, dans les siècles suivants, ont illustré d'un éclat tout

Fig. 8. — Raphael dirigeant, à Rome, les fouilles exécutées dans les ruines
des monuments antiques,
pour retrouver les statues et les bas-reliefs (1516).

nouveau la physique, la chimie, l'histoire naturelle, la médecine,
la physiologie et l'astronomie. Ce développement progressif des
sciences expérimentales donna pour fruits, dès la seconde moitié
du xviiie siècle, des inventions qui se sont multipliées jusqu'à nos
jours.

Dès le xvi⁰ siècle, les sciences jetèrent un certain éclat. Mais les progrès les plus remarquables eurent lieu dans les sciences mathématiques. Quelque utiles qu'ils aient été, ils sont peu compréhen-

Fig. 9. — Ambroise Paré soignant les blessés pendant les guerres de religion. « Je les panse, disait-il, Dieu les guérit. » (Né en 1517, mort en 1590.)

sibles pour les personnes étrangères à ces matières abstraites. Les noms des grands hommes qui se sont signalés dès cette époque dans cet ordre de travaux n'ont pas frappé les oreilles du vulgaire. En dehors des mathématiciens de la Renaissance, on peut citer parmi les noms glorieux pour les sciences d'observation, le chirur-

gien français Ambroise Paré (1517-1590) (fig. 9),. l'anatomiste belge
Vésale (1514-1564), et enfin l'immortel astronome polonais Copernic
(1473-1543). C'est lui qui, par une sagace interprétation des mouvements apparents des astres, ramena les savants au système des
mouvements réels, système dont tout a confirmé la réalité depuis
cette époque.

§ 7. — Le xvii° et le xviii° siècle

Le travail qui s'était accompli, pendant le xvi° siècle, dans la
culture des lettres, donna une riche moisson au siècle suivant.
Ce fut alors la France qui prit le pas sur ses rivaux. Le siècle de
Louis XIV fut comparable aux grandes époques de la littérature
grecque ou romaine. L'histoire l'a inscrit à la suite de ceux de
Périclès et d'Auguste. Parmi tous les écrivains célèbres de ce siècle,
il est des noms si glorieux, qu'ils ont forcé l'admiration même des
nations étrangères. Tels sont Pierre Corneille (1606-1684), Racine
(1639-1699), Molière (1622-1673), la Fontaine (1621-1695), Bossuet
(1627-1704). A côté de ces grands noms on peut citer, dans les
pays étrangers, Michel Cervantes (Espagnol, 1547-1616) et Milton
(Anglais, 1608-1674).

Une forte école philosophique comptait en France pour maîtres
illustres Descartes (1586-1650) (fig. 10) et Pascal (1623-1662).
Cependant, en Angleterre, succédait à François Bacon le philosophe
Locke (1632-1704); en Allemagne, Leibnitz (1646-1716) étendait à
toutes les connaissances humaines l'universalité de son génie.

Pendant que les lettres brillaient d'un si vif éclat, que les arts
pouvaient encore citer des noms tels que le Français Nicolas Poussin
(1594-1665),. le Westphalien Rubens (1577-1640), le Hollandais
Rembrandt (1606-1674), les Espagnols Velasquez (1599-1660) et
Murillo (1608-1682), la culture des sciences commençait à donner
de précieux résultats. Le Wurtembergeois Kepler (1571-1631) reprenait les belles théories de Copernic sur les mouvements réels
des astres, et en découvrait les lois. Les découvertes de Kepler
furent complétées et agrandies par le beau génie de l'Anglais Newton
(1642-1727). Il découvrit la cause générale des mouvements du
soleil, des planètes et de leurs satellites, et depuis lui, non seulement ses idées ont été confirmées par les divers astronomes, mais
elles les ont conduits à démêler d'autres mystères célestes. Newton
s'adonna aussi à l'étude de la physique, et fit faire d'immenses progrès à nos connaissances sur la lumière.

Également physicien et astronome, l'Italien Galilée (1564-1642) avait, au commencement du xviie siècle, signalé ses travaux par de nombreuses découvertes et inventions (fig. 11). Il imagina la lunette qui porte son nom et qui, réduite à de petites proportions, est devenue pour nous la lunette de spectacle. Muni de cet instrument, il put distinguer dans les astres beaucoup de choses inconnues avant lui.

Fig. 10. — René Descartes, né à la Haye, en Touraine, en 1586,
mort en 1650.

Il donna en outre de nouvelles preuves du mouvement de la terre autour du soleil. Il fit connaître les lois de la pesanteur et celles du pendule. Son compatriote et son élève Torricelli (1608-1647) perfectionna les lunettes et inventa cet admirable instrument que l'on nomme le baromètre (fig. 12). Le Français Pascal (fig. 13), que je viens de nommer plus haut comme philosophe, était un savant du premier ordre. Immédiatement il fit avec le baromètre des expériences de la plus haute importance, et montra quel parti la science pouvait tirer de ce nouvel instrument d'observation.

Dans le même temps, le Français Mariotte (1620-1684) fit de belles observations sur l'écoulement des liquides, et découvrit une loi célèbre qui fixe les variations de volume que subit un gaz lorsqu'il supporte des pressions de plus en plus grandes.

Ainsi se poursuivaient les conquêtes de la science par l'application de cette méthode expérimentale dont François Bacon avait tracé les préceptes. Ainsi s'éclairaient peu à peu les savants sur les

Fig. 11. — Galilée, né à Pise, en Italie, en 1564, mort en 1642.

véritables lois du monde physique. En observant la nature, en l'interrogeant par des expériences où l'on mettait en jeu ses lois et ses forces, on constituait peu à peu ce domaine de vérités scientifiques d'où ne tardèrent pas à sortir des inventions d'une portée plus grande que tout ce qu'on connaissait jusque-là.

Dès les dernières années du XVIIᵉ siècle, le Français Denis Papin (1647-1710) commença à rechercher par quel moyen on pourrait employer comme force motrice la force d'expansion que possède la vapeur d'eau renfermée dans un espace clos. C'étaient les avant-coureurs d'une des plus merveilleuses inventions de nos temps modernes. Soixante-dix ans plus tard, après bien des efforts et des essais dus à plus d'un chercheur obstiné, l'Écossais James Watt

(1736-1819) complétait l'invention des machines à vapeur, qui devait transformer toutes les conditions de la vie des hommes.

Le XVIIIe siècle ne pouvait guère élever plus haut que ne l'avait fait le précédent la gloire des belles-lettres. Il lui restait, au contraire, un champ immense à parcourir dans le domaine des connaissances scientifiques. Aussi les plus grands littérateurs de ce temps ne se bornent plus à produire des chefs-d'œuvre littéraires. L'étude des

Fig. 12. — Evangelista Torricelli (né à Faenza, Italie) faisant l'expérience du baromètre (1643).

hommes, des institutions sous lesquelles ils vivent, des réformes qu'elles peuvent réclamer, passionne les esprits les plus éminents. Des discussions véhémentes, préludant aux troubles qui doivent signaler la fin du siècle, rendent célèbres les noms de Voltaire (1694-1778), de Jean-Jacques Rousseau (1712-1778), de Diderot (1713-1784), de d'Alembert (1717-1783). Montesquieu (1689-1755), quand s'ouvrit cette mêlée ardente, venait de résumer les méditations de vingt années de sa vie dans un livre célèbre où sont étudiées les lois qui, dans les divers gouvernements, régissent les sociétés humaines.

Les savants, de leur côté, continuaient leur œuvre. L'astro-

nomie poursuivait ses découvertes, guidée surtout par Lagrange
(1736-1813), Laplace (1749-1827) (fig. 14), et William Herschel
(1738-1822).

Deux noms brillent au milieu de bien d'autres parmi les physiciens : Franklin (1706-1790), qui s'est immortalisé par l'invention
des paratonnerres ; Volta (1745-1827), non moins immortel par

Fig. 13. — Blaise Pascal, né à Clermont-Ferrand (Auvergne), en 1623,
mort en 1662.

l'invention de la pile électrique, dont les merveilleux effets nous
étonnent encore tous les jours.

Une science toute nouvelle cherchait les vrais principes de ses
études expérimentales. Elle les reçut du génie de Lavoisier (1743-
1794). Ce grand homme fonda la chimie moderne. Berthollet (1748-
1822), Scheele (1742-1786), Priestley (1733-1804), Cavendish (1731-
1810), furent ses émules et suivirent sa puissante impulsion.

On ne peut oublier les grands noms qui illustrèrent dans le même siècle les diverses branches de l'histoire naturelle. Linné (1707-1778), Buffon (1707-1788), l'abbé Haüy (1743-1822), Antoine-Laurent de Jussieu (1748-1836).

Un pareil développement des études scientifiques, tant de succès

Fig. 14. — Pierre-Simon Laplace, né à Beaumont-sur-Auge (Normandie), en 1749, mort en 1827.

dans la recherche des vérités naturelles, commencèrent à porter leurs fruits en produisant des inventions éclatantes.

Telles sont les conditions favorables où s'est ouvert le XIXe siècle; trois cents ans d'études littéraires et scientifiques avaient accumulé un vaste fond de méthodes investigatrices et de connaissances acquises. L'esprit d'invention pouvait alors donner une riche et vigoureuse moisson.

§ 8. — Principales inventions modernes

Le xviii° siècle léguait à notre époque quelques inventions justement célèbres et qui se lient forcément à celles que [le xix° siècle a vues naître : d'abord, la plus importante de toutes, celle des *machines à vapeur*.

En second lieu, vers 1760 fut imaginé cet instrument merveilleux qui détourne la foudre, et que l'on nomme le *paratonnerre*. Puis il faut citer les *ballons* ou *aérostats*, pour la première fois lancés dans les airs en 1783.

Dès cette époque où les esprits étaient si fortement agités, les inventions se pressent à courts intervalles. En 1791, c'est la *télégraphie à signaux aériens*. En 1798, c'est l'*éclairage au gaz*. Enfin c'est, en 1800, l'invention de la *pile électrique*.

Viennent maintenant les grandes inventions propres au xix° siècle.

Les *bateaux à vapeur*, déjà annoncés en Europe par diverses tentatives pleines de promesses, font en Amérique leur apparition triomphante.

Les *chemins de fer* et les *locomotives* se montrent un peu plus tard en Angleterre.

Utilisant la pile de Volta dans ses propriétés chimiques, en 1837 et 1838, la *galvanoplastie*, la *dorure* et l'*argenture électriques* soumettent les métaux à de nouvelles méthodes d'élaboration.

En 1839, le *daguerréotype* et la *photographie* asservissent la lumière au génie de l'homme.

Enfin l'électricité vient en aide à la pensée humaine et réalise des progrès auxquels on ne peut comparer que ceux dont la découverte de l'imprimerie a jadis donné le signal. Grâce à elle sont inventés les appareils propres à transmettre la pensée et même la parole instantanément à distance. Que rêver après les merveilles de la *télégraphie électrique* et des *téléphones?*

Tel a été le mouvement de l'esprit d'invention à notre époque. On peut affirmer que, s'il a montré une fécondité jusque-là sans exemple, cela tient aux longues études, aux nombreuses expériences réalisées dans les deux siècles précédents. Riches de tant de connaissances, les chercheurs de nouveautés ont d'autant plus rapidement réussi, qu'ils avaient à leur disposition un plus grand nombre de notions exactes sur les lois de la nature. Car il ne faut pas oublier que, pour parvenir à la conquête d'une invention utile, il ne suffit pas d'être doué d'une imagination vive et fertile, il faut aussi savoir beaucoup et travailler sans relâche.

CHAPITRE PREMIER

JAMES WATT ET LA MACHINE A VAPEUR

§ 1. — LA JEUNESSE D'UN GRAND INVENTEUR

En 1736 vivait en Écosse, à Greenock, près de Glasgow, une modeste famille de commerçants. Sa situation de fortune était assez aisée. Cette année même un fils lui était né, et, quoiqu'il fût de complexion chétive, il triompha des premières difficultés de l'enfance et montra de bonne heure un esprit vif et profondément observateur. A mesure qu'il grandissait, il manifestait des dispositions de plus en plus heureuses pour l'étude des sciences. Mais, vers 1750, des événements imprévus vinrent modifier la position de la famille Watt. Des spéculations malheureuses la ruinèrent en peu de temps. En vain avait-on espéré que le jeune James développerait ses facultés extraordinaires en suivant les cours de l'université de Glasgow. Dans les conditions nouvelles que le malheur faisait à la pauvre famille, le jeune homme de seize ans dut être mis en apprentissage dans un petit atelier voisin de la maison paternelle. Là, pour suivre dans une voie plus modeste le goût qui l'appelait vers les sciences, James Watt apprit à construire quelques instruments de mathématiques et de physique, des compas, des balances, des cadrans solaires, des lunettes, etc. Le jeune homme se montra aussi intelligent qu'adroit. Il eut bientôt acquis toute l'habileté que son patron pouvait lui donner, et, à dix-huit ans, il entrait à Londres chez un constructeur de chronomètres et d'autres instruments destinés aux marins. Son séjour à Londres fut abrégé par la maladie. C'était encore un jeune homme d'une complexion délicate. Placé pour travailler auprès de la porte de l'atelier, par une froide journée d'hiver, il y contracta une affection de poitrine qui fit bientôt craindre pour ses jours. Il revint demander la santé à l'air du pays natal, et, suffisamment rétabli, il eut l'idée de se fixer à Glasgow et d'y ouvrir un petit atelier pour la construction des instruments de mathématiques. Il ignorait que son modeste projet allait l'exposer à des persécutions. Le corps des arts et métiers de Glasgow, invoquant des privilèges très anciens et des règlements séculaires, lui nterdit d'ouvrir le moindre atelier. Heureusement l'université,

dont il fréquentait les cours aussi souvent que possible, tout en
cherchant à exercer sa profession, s'interposa et imagina un moyen
de conciliation. Il reçut le titre de constructeur d'appareils de physique de l'université de Glasgow. Il fut autorisé à s'établir dans les
bâtiments universitaires et à y travailler même pour des clients de
la ville. Tout ceci se passait en 1757. James Watt se trouvait dans
une position particulièrement favorable pour donner carrière à ses
goûts et développer ses merveilleuses aptitudes. Laborieux plus
qu'aucun autre, prompt à saisir toutes choses et doué d'une énergie
incroyable de volonté dès qu'il se sentait le besoin d'apprendre
quelque chose de nouveau, l'ouvrier constructeur se fit bientôt
parmi les élèves et les maîtres une réputation de savoir et de capacité dont il était le dernier à se douter. Il suivait assidûment les
cours de sciences professés à l'université ; la mécanique et la physique le captivaient spécialement. Il se plaisait en même temps à
étudier dans tous leurs détails les principales machines usitées dans
l'industrie, et dont le collège de Glasgow avait réuni une collection
assez complète pour cette époque.

§ 2. — James Watt et la machine de Newcomen

Un jour de l'année 1763, le professeur Anderson signala à l'attention du jeune constructeur de l'université un très beau modèle
d'une machine alors en usage dans les mines de l'Angleterre pour
assécher les galeries d'exploitation. C'était une pompe mise en mouvement par une machine à vapeur désignée alors sous le nom de
pompe à feu de Newcomen. Ce malheureux modèle, fort satisfaisant
pour les yeux, n'avait jamais pu fonctionner. Le professeur Anderson chargea Watt de le nettoyer et de le réparer pour servir aux
démonstrations qu'il voulait faire devant ses élèves. En exécutant
son travail, Watt reconnut que l'appareil de Newcomen, même
lorsqu'il marchait d'une façon jugée satisfaisante, présentait des
vices graves qu'il résolut de corriger.

Il commença par étudier tout ce qui se passait dans la machine
en question ; combien de vapeur produisait dans cette machine une
livre de charbon ; combien un pied cube de vapeur dégageait de
chaleur lorsqu'il se condensait en eau ; quelle force acquiert la vapeur enfermée dans un espace, lorsqu'on la chauffe de plus en plus.
De ces premiers problèmes il passa à beaucoup d'autres. Enfin il
vit tellement s'agrandir devant lui le champ de ses études sur la
machine de Newcomen, qu'il lui parut impossible de les poursuivre
en continuant à exercer sa modeste profession. Or la position de sa

famille était plus malheureuse que jamais, et plus que jamais il avait besoin de travailler pour vivre et pour venir en aide à ses pauvres parents. D'une autre part la pompe à feu était d'un usage très répandu, malgré les défauts qu'il avait su y discerner. Il était convaincu qu'en perfectionnant cette machine il rendrait à l'industrie de son pays un service profitable à sa propre renommée autant qu'à sa fortune personnelle.

Pendant que ces projets préoccupaient sa pensée, il se maria avec une de ses cousines et trouva dans cette union les sources d'une certaine aisance. Dès lors, renonçant à son titre de constructeur de l'université de Glasgow, il exerça la profession d'ingénieur, et donna tous ses loisirs à ses études sur le perfectionnement de la machine qui avait éveillé son esprit inventif. Dès l'année 1765, il y apporta un perfectionnement important. Il y introduisit ce que tout le monde connaît aujourd'hui sous le nom de *condenseur isolé*. Il obtint ainsi une économie considérable dans la marche de la machine. Pouvant fonctionner avec une bien moins grande quantité de vapeur, elle brûlait beaucoup moins de combustible.

Peu après il fit à l'appareil une autre addition importante. Au moyen d'une petite pompe à eau, il retira, au fur et à mesure, l'eau qui avait servi à condenser la vapeur. Ce fut la source d'une nouvelle économie de combustible.

Les années 1767 et 1768 furent consacrées à une série d'études qui modifièrent entièrement le mode d'emploi de la vapeur dans l'appareil que Watt persévérait à perfectionner. Dans la machine de Newcomen, le mouvement de va-et-vient du piston contenu dans le corps de pompe était provoqué tour à tour par la force expansive de la vapeur et par la pression de l'air atmosphérique. Watt, excluant l'air extérieur du corps de pompe, n'employa plus que la vapeur d'eau tour à tour injectée dans le corps de pompe, puis condensée de façon à perdre sa force élastique. Ceci constituait une véritable invention, celle de la *machine à vapeur à simple effet*. En même temps il adapta autour du corps de pompe une enveloppe en bois appelée *chemise du corps de pompe*, destinée à en prévenir le refroidissement au contact de l'air.

Ainsi, en trois années, par une série d'heureuses modifications, Watt avait substitué à la machine de Newcomen une machine que la vapeur seule mettait en mouvement, qui marchait avec une régularité inconnue jusque-là, et qui, pour une même consommation de combustible, fournissait une bien plus grande force motrice. En cela on a pu dire qu'il était véritablement l'inventeur de la machine à vapeur. Mais il y aurait grande injustice à ne pas reconnaître que les efforts tentés avant lui par Denis Papin, Savery,

Newcomen et Cawley, avaient singulièrement préparé l'œuvre qu'il devait accomplir.

La machine de Watt était capable de rendre, non plus simplement à l'exploitation des mines, mais à l'industrie tout entière, des services dont l'inventeur seul appréciait toute l'étendue. Il fallait maintenant convaincre les chefs d'usine et les amener à en faire usage. Watt avait l'esprit aussi indolent qu'il était méditatif, fécond et brillant. Il était donc peu capable de mettre en œuvre par

Fig. 15. — James Watt, né à Greenock (Écosse), en 1736, mort en 1819.

lui-même ce qu'il savait si bien inventer. Mais des amis que réunissaient autour de lui sa bonne humeur, son agréable conversation et son imagination inépuisable, se chargèrent de l'aider dans cette tâche. Malheureusement le premier qui se proposa éprouva subitement des revers de fortune qui paralysèrent sa bonne volonté. Après ce mécompte, Watt se consacra pendant quatre ans exclusivement à ses travaux d'ingénieur. La mort de sa femme jeta dans sa vie un tel chagrin, qu'il paraissait avoir entièrement oublié les inventions qui l'avaient si fortement préoccupé quelques années auparavant. Sollicité avec une affectueuse persistance par les amis qui ne l'avaient pas abandonné, il sortit enfin de sa douloureuse inertie. En 1768, il était entré en relation avec Matthieu Boulton, l'un des plus riches et des plus intelligents manufacturiers de l'Angleterre. De là devait naître une nouvelle période dans l'existence de notre inventeur.

§ 3. — LUTTES ET TRIOMPHES

Boulton était actif et influent ; son esprit entreprenant était capable d'accomplir tout ce que Watt dédaignait presque d'essayer. Tous deux, en 1775, par une heureuse association, se mirent à exploiter un brevet qui leur accordait pendant vingt-quatre ans le privilège de construire et de vendre des machines à vapeur du nouveau type imaginé par l'ingénieur de Glasgow. C'est à Soho, près de Birmingham, qu'était l'usine métallurgique de Boulton ; elle devint dès lors un établissement de construction pour les machines à vapeur. En peu de temps de nombreuses livraisons furent faites à des exploitations minières, pour l'épuisement des eaux. Mais il fallait détrôner la pompe à feu de Newcomen, alors fort en vogue. Boulton fut assez hardi pour donner ses machines en remplacement des anciennes, qu'il reprenait à un prix très élevé. Il ne demanda qu'une seule rémunération, fondée sur les économies mêmes que devait faire réaliser la machine de Watt.

Ainsi il disait aux propriétaires de mines : « Je ne vous demande rien pour notre nouvelle machine ; nous la monterons et l'entretiendrons à nos frais ; nous vous reprendrons celle que vous avez au prix que vous fixerez avec nous, de telle sorte que vous n'aurez aucune dépense à supporter. Seulement, comme nous prétendons que notre nouvelle machine donnera chaque année une économie considérable sur le combustible à employer, nous vous demandons le tiers de la somme que vous économiserez ainsi chaque année. » De telles conditions exigèrent des avances considérables. Elles montèrent à une somme de près de deux millions de francs avant que Boulton et Watt eussent rien à toucher en retour. Mais, grâce à cette générosité apparente et aux grandes ressources financières de l'entreprise, les nouvelles machines eurent rapidement remplacé celles de Newcomen. Aussitôt les deux associés réalisèrent de prodigieux bénéfices. Les redevances calculées sur le tiers du combustible économisé parurent bientôt si considérables, qu'on se refusa à les payer. De là des procès dont les deux constructeurs ne virent la fin qu'en 1799. Les débuts de ces longues épreuves furent très pénibles. Les juges, peu favorables, leur infligèrent des échecs. Watt dut venir à Londres soutenir ses droits légitimes. Il y fallut passer huit années dans la chicane et au milieu des gens de loi. Que de temps perdu pour un pareil génie ! Néanmoins la fécondité de notre inventeur

ne tarissait pas, et, par des brevets pris en 1782, il s'assura la
propriété d'une nouvelle machine dite *à double effet*, parce que la
vapeur y agissait tour à tour sur les deux faces du piston, déter-
minant ainsi les deux mouvements de va-et-vient qu'il exécute. Ces
brevets contenaient d'autres perfectionnements de détail qui venaient compléter, en la couronnant, la série des inventions de Watt.

Alors, pendant dix-neuf ans, Boulton et Watt parcoururent une
longue période de succès et de prospérité industrielle. Des découvertes et des inventions nombreuses prouvèrent que l'âge n'avait
enlevé à Watt aucune de ses facultés. En 1801, les deux glorieux
associés remirent leurs affaires entre les mains de leurs fils. Watt
avait alors soixante-cinq ans. Il vécut jusqu'à quatre-vingt-trois
ans dans une retraite où l'occupèrent longtemps les mêmes travaux
qui avaient illustré sa vie. Il mourut le 19 août 1819. L'Angleterre
lui a fait élever une statue dans l'abbaye de Westminster, à Londres. Sur le piédestal est gravée une inscription qu'il paraît bon
de citer ici :

« Point n'est besoin d'un monument pour perpétuer un nom
« aussi durable que le règne des arts de la paix ; mais il convient.
« de montrer que les hommes ont appris à honorer leurs semblables
« les plus dignes de reconnaissance. Voilà pourquoi le roi, ses
« ministres et beaucoup de nobles et bourgeois du royaume ont
« élevé ce monument à JAMES WATT, qui, appliquant un génie
« original au perfectionnement de la machine à vapeur, accrut les
« ressources de son pays, augmenta le pouvoir de l'homme et s'as-
« sura un rang élevé parmi les plus illustres adeptes de la science
« et parmi les vrais bienfaiteurs de l'humanité. »

CHAPITRE II

L'ENFANCE DE LA MACHINE A VAPEUR

§ 1. — OUTILS, MACHINES ET MOTEURS

L'homme travaille avec ses mains ; mais presque jamais elles ne
lui suffisent pour exécuter ce qu'il doit faire. Il lui faut des instruments appelés *outils*. C'est le marteau, le ciseau ou burin, la scie,
le rabot, la pelle, la bêche, le hoyau, le pic, la truelle, etc. Souvent
il est obligé d'avoir recours à des instruments plus compliqués, que

l'on appelle des *machines*. On distingue les machines simples, telles que les leviers, les poulies, le treuil, les engrenages, la vis et son écrou. Mais d'autres fois le travail exige l'emploi de machines composées de plusieurs machines simples. On peut citer comme exemple la chèvre, les roues, la sonnette ou mouton, les pompes, les divers genres de chariots pour les transports; enfin, comme machines plus compliquées encore, les métiers à tisser et des appareils analogues.

Les outils sont généralement menés par la main d'un ouvrier, c'est-à-dire que l'homme les met en mouvement par la force de ses bras. Il en est de même de certaines machines. Lorsque sa force est trop petite pour fournir la somme de travail nécessaire, il a recours à des animaux, tels que le cheval, le bœuf, l'âne, le mulet, quelquefois le chien, etc. Ainsi l'homme et certains animaux sont employés comme *moteurs* de divers outils ou machines simples; c'est ce qu'on appelle les moteurs animés.

Mais il est des machines, telles que les meules des moulins, les souffleries des forges, les métiers des filatures, que l'on met en marche au moyen des chutes d'eau. L'eau d'un ruisseau ou d'une rivière, tombant d'une certaine hauteur sur des roues à eau, ou roues hydrauliques, les fait tourner au moyen de son poids et de la vitesse qu'elle possède en coulant. L'air agit de même dans les moulins à vent et constitue une autre sorte de moteur.

La force de l'homme et des animaux, celle des cours d'eau ou du vent ne sont pas très grandes, et les machines que ces moteurs peuvent faire marcher sont loin d'atteindre le degré d'énergie dont l'homme a besoin lorsque son industrie prend un grand développement. Cependant, jusqu'à la seconde moitié du XVIIIe siècle, on ne connaissait pas d'autres moteurs, et il était impossible d'exécuter une foule de travaux dont s'acquittent actuellement des machines d'une puissance inconnue autrefois. L'apparition de ces engins énergiques a changé toutes les conditions de la vie. Ils ont permis de fabriquer une foule d'objets beaucoup plus vite et à bien meilleur compte qu'auparavant. Le bien-être de chacun s'en est accru. Les moyens de transport et de communication des hommes entre eux ont été transformés. Tous ces résultats merveilleux n'ont été obtenus que grâce à une conquête plus précieuse que toutes celles faites par l'homme jusqu'aux temps modernes; je veux dire la conquête de la *vapeur* agissant comme force motrice dans la machine qui porte son nom.

Voilà pourquoi l'invention de la machine à vapeur est la plus grande de toutes celles qu'aient jamais faites les hommes de tous les temps. Jamais une pareille force n'avait été mise à la disposition de notre génie. C'est la plus profonde révolution que l'industrie humaine ait éprouvée. Aussi, hâtons-nous de le dire, elle fut préparée par plusieurs hommes que la reconnaissance de la postérité doit honorer à jamais. Elle fut préparée par de longs efforts accumulés pendant quatre-vingt-quinze ans. C'est cette première période de l'invention des machines à vapeur qu'il faut raconter ici.

§ 2. — DENIS PAPIN ET SES ESSAIS

La première idée d'une machine à vapeur analogue à celle de Watt, quant à son mécanisme essentiel, est due à un physicien français du XVIIᵉ siècle. Cet homme, doué d'un véritable génie, mais tourmenté par un esprit vagabond et poursuivi par la mauvaise fortune, se nommait Denis Papin. Né à Blois en 1647, il s'était fait recevoir docteur en médecine et s'était surtout adonné aux sciences mathématiques et physiques. Pendant plus de deux années, établi à Paris, il avait assisté le célèbre Huygens dans ses expériences, ayant pour but de construire une machine capable d'élever l'eau ou de faire monter des poids considérables. En 1675, il alla brusquement se fixer à Londres, où le fameux Robert Boyle l'employa comme aide et comme collaborateur jusqu'en 1679. L'année suivante, il fut nommé membre de la Société royale de Londres, et en 1681 il fit connaître son appareil appelé *digesteur*, plus souvent désigné aujourd'hui, dans les cours de physique, sous le nom de *marmite de Papin*.

Quoique sa position en Angleterre fût réellement prospère, Denis Papin, au printemps de 1681, l'abandonna tout à coup. Il alla à Venise; puis, deux ans après, il revint à Londres, où il ne trouva cette fois qu'avec peine un emploi modestement rétribué. Au milieu de ces pérégrinations, il n'avait pas cessé de poursuivre avec ardeur de nombreuses inventions, plus rapidement conçues qu'exécutées. Cependant, mal accueilli dans ses essais par ses collègues de la Société royale, qu'il avait naguère si légèrement quittés, il songea à rentrer en France. Mais c'était en 1687. Deux ans auparavant, le roi Louis XIV, par la révocation de l'édit de Nantes, avait inauguré les persécutions contre les protestants français. Or Denis Papin était de la religion réformée. A ce titre, il lui était désormais interdit d'exercer en France aucune branche de l'art médical. D'une autre part, ses convictions religieuses étaient très ardentes; il renonça à sa patrie et se condamna à l'exil pour le reste de ses jours. Il trouva un asile auprès de l'électeur de Hesse, qui lui donna une chaire de professeur de mathématiques à Marbourg. Là il continua les mêmes travaux, toujours préoccupé de construire des machines de grande puissance et d'emploi peu coûteux. C'est à Marbourg

Fig. 16. — Denis Papin, né à Blois (Orléanais), en 1637, mort vers 1714.

qu'il imagina d'en construire une composée d'un cylindre de cuivre, dans lequel un piston mobile était soulevé par la vapeur d'eau bouillante, et revenait à sa position dès que la vapeur refroidie se condensait. C'est là l'idée fondamentale de nos machines à vapeur. Papin publia la description de son appareil au mois d'août 1690, sous le titre de : *Nouvelle Méthode pour obtenir à bon marché des forces motrices très puissantes.* Cette première ébauche de la machine à vapeur était si imparfaite, qu'il était impossible d'en tirer aucun résultat pratique. Ce fut seulement vingt-deux ans plus tard qu'une machine analogue, due à d'autres constructeurs, fut pour la première fois installée dans une mine et mit en mouvement une pompe destinée à épuiser l'eau. Il fallut encore un quart de siècle pour que les machines de ce genre fussent d'un usage courant dans l'industrie minière.

Néanmoins la vive et sagace imagination de Papin, dès 1690, annonçait tout ce que son invention devait donner avec le temps. C'était, suivant lui, une machine capable de rendre immédiatement les plus grands services à l'industrie. Loin d'en borner l'usage à la mise en œuvre des pompes d'épuisement, il la voyait déjà employée dans toutes les usines où l'on avait besoin de produire économiquement une force considérable ; il la voyait même remplaçant les bras des galériens pour mouvoir les rames des navires ; il la voyait poussant sur les routes des voitures qui n'auraient plus besoin de chevaux pour se mouvoir.

Tout ce qu'apercevait si bien l'inventeur, nul autre ne sut le pressentir de son temps ; mais ses contemporains ne virent que trop bien les défauts de sa machine. La Société royale de Londres signala, par la voix d'un de ses membres, les inconvénients de la nouvelle machine motrice ; elle fut condamnée dès lors par les savants et oubliée du public. Papin lui-même, singulièrement déçu dans ses espérances enthousiastes, cessa de croire à son invention, et renonça pour le moment à perfectionner son appareil.

Vers 1705, il eut connaissance de la machine imaginée par l'Anglais Savery, pour élever l'eau d'un réservoir inférieur dans un réservoir plus haut placé. Aussitôt il s'efforça de perfectionner cette machine en l'imitant. C'était un pas en arrière. Il abandonnait l'idée qui depuis a triomphé : plus de piston soulevé par la vapeur, plus de cylindre où la condensation de la vapeur faisait le vide. Quoi qu'il en soit, il prétendit appliquer cette machine à mouvoir un bateau dans lequel il l'installa. C'était en 1707. Papin avait retrouvé quelque peu de ses enthousiasmes d'inventeur, malgré ses déboires précédents et ses soixante ans. Il voulut aller à Londres, au milieu d'un grand port de mer, expérimenter publiquement sa nouvelle invention. Il eut même l'idée de s'embarquer à Cassel, sur la Fulda, et de descendre par le Weser jusqu'à la mer du Nord, au moyen de son bateau à feu. Il fut arrêté par les privilèges des bateliers du Weser, qui interdisaient le passage d'une embarcation de la rivière dans les eaux du fleuve. Ayant vainement sollicité de l'électeur de Hanovre la permission de passer malgré les us et coutumes, il entreprit d'effectuer son voyage sans cette autorisation. Le 26 septembre 1707 il était arrivé à Münden, où la Fulda et la Werra, en se confondant, forment le Weser. Là les mariniers du fleuve s'opposèrent à son passage. Il insista, en invoquant l'intérêt d'une invention comme la sienne. Loin d'apaiser l'animosité des gens du fleuve, il alarma leurs jalousies, et, dans leur fureur, ils brisèrent le bateau et la machine. Papin, ruiné par ce désastre, affaibli par l'âge et le chagrin, gagna comme il put l'Angleterre, où il végéta pendant cinq ans, dénué de ressources et mal accueilli dans ses nouveaux efforts. Il paraît que vers 1712 il retourna à Cassel; mais, à cette époque, nul ne songeait plus guère au pauvre vieillard. On ne savait au juste ce qu'il était devenu, et l'on ignore encore aujourd'hui quand et où il mourut. En tout cas il paraît, dans les dernières années de sa vie, avoir perdu une grande partie de ses facultés. Les professeurs de Cassel, où il avait tant travaillé, ne craignaient pas d'égayer leur auditoire en racontant les illusions téméraires de ce fou, qui avait prétendu, avec de l'eau chaude, faire marcher des voitures sur les routes et des navires sur la mer.

§ 3. — La pompe a feu de Thomas Savery

Vers le milieu du XVIIe siècle il exista en Angleterre, dit-on, d'abord au château de Raglan, puis plus tard à Vauxhall (près de Londres), des machines qui élevaient l'eau à l'aide de la pression de la vapeur introduite dans le réservoir où elle reposait. Cette invention aurait été due à Édouard Somerset, marquis de Worcester. Mais il ne reste aujourd'hui ni description ni figure de ces appareils. Vers la fin de ce même siècle, un autre Anglais, originaire du comté de Devon, introduisit dans la pratique de l'industrie une machine élevant l'eau par l'action du feu. C'était un ingénieur militaire nommé Thomas Savery. Il produisit sa machine, ou pompe à feu, en 1698, au moment où Denis Papin, découragé par ses insuccès de 1690, désespérait de son heureuse idée. Savery connaissait certainement les travaux de Papin sur ce sujet; mais il partageait sans doute le dédain des savants contemporains qui, dans son pays, avaient si mal accueilli la plus importante invention du médecin français. Aussi n'eut-il pas l'idée d'employer cette disposition dans sa pompe à feu. Son but essentiel était de donner satisfaction à un besoin urgent des mineurs anglais de cette époque. Leur exploitation était grevée de frais considérables, par l'obligation d'épuiser l'eau qui envahissait les galeries et les puits de grande profondeur. Dans la pompe à feu, la vapeur, engendrée par une chaudière, venait presser l'eau directement et la faisait monter dans un tuyau qui pouvait atteindre jusqu'à sept et huit mètres d'élévation. Placé à ce point de vue pratique, il fit des efforts considérables d'annonces et de réclames, et parvint à faire adopter son appareil dans plusieurs ateliers de mines. Du reste il y apporta, pendant quatre années, divers perfectionnements importants. Son véritable mérite fut de construire les premiers appareils qui aient rendu à l'industrie des mines le service qu'elle demandait. La pompe à feu de Savery était d'ailleurs très défectueuse. Il se produisit plusieurs explosions, qui eurent pour conséquence de graves accidents. En outre, cette machine consommait une quantité considérable de combustible pour le travail qu'elle faisait. Lorsque la mine avait une grande profondeur, il fallait installer plusieurs machines à vingt ou vingt-cinq mètres au-dessus les unes des autres. Néanmoins, en l'absence de tout autre appareil plus parfait, la pompe à feu de Savery se répandit peu à peu en Angleterre; on en construisit même quelques-unes pour les pays étrangers. Mais, pendant ce temps, deux artisans de Darmouth, dans le comté de Devon, préparaient la construction d'une machine beaucoup mieux conçue. C'était un serrurier nommé Thomas Newcomen, et un vitrier appelé Jean Cawley.

§ 4. — LA MACHINE DE NEWCOMEN

Nos deux artisans connaissaient sans doute et avaient vu fonctionner une pompe à feu de Savery. Mais auparavant leur esprit était frappé de l'idée qu'avait mise en avant Denis Papin avec si peu de succès. Quoi que l'on pût objecter, ils espéraient épuiser l'eau au moyen d'un cylindre à piston mobile, faisant marcher une pompe ordinaire et séparée. Ils s'obstinaient dans leurs essais pour réaliser un appareil de ce genre. Ils se crurent encouragés par leurs premières tentatives et voulurent prendre un brevet pour leur nouvelle machine. Savery réclama sa part dans une invention qu'il disait dérivée de la sienne. Mais, lorsqu'il s'agit de réaliser leur conception, leur ignorance scientifique et leur inexpérience en mécanique se heurtèrent à de nombreuses difficultés. Il leur fallut plusieurs années pour les résoudre, et ce fut seulement en 1712 qu'ils parvinrent à leur but. Dès lors Savery, qui mourut en 1716, ne paraît plus s'être intéressé à leurs travaux. Newcomen et Cawley virent peu à peu leur machine conquérir la faveur du public. En quelques années, divers constructeurs y apportèrent d'heureux perfectionnements. Après 1750, l'usage de cet appareil d'épuisement se généralisa dans les houillères et dans les mines, aussi bien de l'Angleterre que du continent. La machine de Newcomen acquit une importance telle, qu'il devint indispensable de la décrire dans les cours des grandes écoles et des universités. C'est pour aider à des démonstrations de ce genre que l'université de Glasgow possédait ce fameux modèle, dont la mise en état fut le point de départ des travaux de James Watt sur la machine à vapeur. Ce modèle existe encore tel que Watt l'a modifié pour qu'il puisse fonctionner. C'est un de ces monuments d'histoire scientifique que l'on conserve avec le plus grand soin.

En somme, le service capital rendu par Newcomen et Cawley consiste à avoir repris l'invention si injustement dédaignée de Denis Papin. Ils ont eu le mérite d'introduire dans la pratique le principe fondamental de la machine à vapeur imaginée par Papin, et que Watt allait féconder.

« Au commencement du xviiie siècle, dit un historien de cette invention, tous les éléments du type moderne de la machine à vapeur avaient été trouvés séparément, et pratiquement appliqués. On était arrivé à comprendre la nature de la pression atmosphérique et de la pression des gaz. On se faisait une idée nette du vide et des moyens de l'obtenir, en expulsant l'air au moyen de la vapeur que l'on condensait ensuite. Non seulement on avait reconnu quel parti on pouvait tirer de la puissance de la vapeur et de sa condensation pour annuler la pression de l'air dans un espace clos, mais encore d'heureuses tentatives avaient été faites pour appliquer ces notions.

« Les mécaniciens avaient réussi à fabriquer des chaudières capables de supporter les plus fortes pressions qu'on pouvait juger nécessaires, et Papin avait indiqué le moyen de se garantir suffisamment des explosions par l'emploi de sa soupape de sûreté. On avait fabriqué des cylindres munis de pistons, et on s'en était servi pour faire agir la puissance de la vapeur.

« Il ne fallait plus que l'apparition d'un inventeur capable d'apercevoir que ces faits déjà connus et ces organes mécaniques déjà construits, convenablement réunis et mis en œuvre dans une machine, pouvaient doter le monde du plus grand bienfait qu'il ait reçu dans l'ordre matériel. » (R. H. Thurston, *Histoire de la machine à vapeur*, traduct. de J. Hirsch.)

Cet inventeur fut James Watt, dont nous avons précédemment esquissé l'histoire, et ses travaux remplissent la fin du xviii° siècle.

Nous avons cité le passage précédent, parce qu'il donne en peu de mots l'indication des faits scientifiques qu'il avait fallu observer et comprendre peu à peu pour rendre possible l'œuvre du grand inventeur. Ce travail préliminaire avait exigé près d'un siècle et le concours successif de trois générations de savants. Avant de chercher à comprendre la machine à vapeur telle que la fit James Watt, il est indispensable d'avoir au moins quelques notions des faits qui ont préparé cette grande conquête du génie de l'homme.

CHAPITRE III

CE QU'IL FALLAIT APPRENDRE AVANT D'INVENTER LA MACHINE A VAPEUR

§ 1. — LA PRESSION DE L'AIR ET LE VIDE

Vers le milieu du xvii° siècle, un élève de Galilée, Torricelli, immortalisa son nom par plusieurs découvertes dont la plus importante est sans contredit celle du baromètre. Cette découverte eut lieu en 1643. Torricelli en conclut plusieurs vérités nouvelles. L'air qui nous entoure exerce sur toutes les surfaces d'un corps qu'il environne une pression qui équivaut à celle d'une colonne de mercure haute de 28 pouces (c'est-à-dire, en mesures actuelles, de 76 centimètres). Cette pression est égale à un poids de 2 livres environ (ou de 1 kilogramme) sur chaque centimètre carré de surface. C'est là ce que les physiciens ont pris l'habitude de nommer une pression de 1 *atmosphère*. Elle provient de ce que l'air est pesant, et qu'en même temps c'est un fluide élastique; de telle sorte qu'il transmet dans tous les sens, aux corps qui y sont plongés, les effets de la pesanteur.

L'appareil de Torricelli (fig. 17), dans la partie supérieure du tube de verre où le mercure s'élevait à 76 centimètres, montrait un espace vide, que l'on s'habitua à nommer la *chambre barométrique*. C'était bien, en effet, un espace *vide*. La chambre barométrique, placée au-dessus du mercure, dans l'extrémité fermée du tube, ne contient ni air, ni vapeur, ni aucune matière qui ait le moindre poids. C'est le vide parfait.

Le célèbre Blaise Pascal connut, dès 1646, la découverte de Torricelli. Par d'ingénieuses expériences, il démontra que la pression de l'atmosphère sur la surface des corps était égale à celle d'une colonne d'eau haute de 32 pieds ou 10 mètres. Il fixa son attention sur le vide qui se produit dans le baromètre et imagina quelques autres moyens de l'obtenir. Il expliqua, par l'influence de la pression de l'air, plusieurs faits attribués jusque-là à des causes erronées. Depuis bien des siècles on savait faire monter l'eau dans les pompes. Il montra que c'était là un des effets de la pression atmosphérique. Dans un cylindre communiquant, par un conduit inférieur, avec un réservoir d'eau, est placé un piston muni d'une tige. Un balancier le fait monter et descendre alternativement dans ce cylindre, nommé corps de pompe. Le piston est une rondelle mobile fermant l'intérieur du corps de pompe à la hauteur où il se trouve. Lorsque le piston monte dans son corps de pompe, l'air extérieur ne peut y rentrer, car il n'y a de communication qu'avec le réservoir d'eau. A mesure que le piston monte, l'air intérieur fait défaut, puisque l'espace augmente en dessous et qu'il n'y rentre pas de nouvel air. Pour combler l'accroissement d'espace qui s'est produit dans la pompe, l'eau du réservoir monte, parce que l'air extérieur presse sur la surface libre qu'elle lui présente.

Une des principales préoccupations des savants de cette époque était d'arriver à faire le vide dans un vase complètement clos. Vers 1650, Otto de Guéricke, bourgmestre de Magdebourg, inventa la machine *pneumatique*, et, la perfectionnant peu à peu, répondit complètement à l'attente des physiciens. On put dès lors faire artificiellement le vide dans un ballon ou sous une cloche de verre.

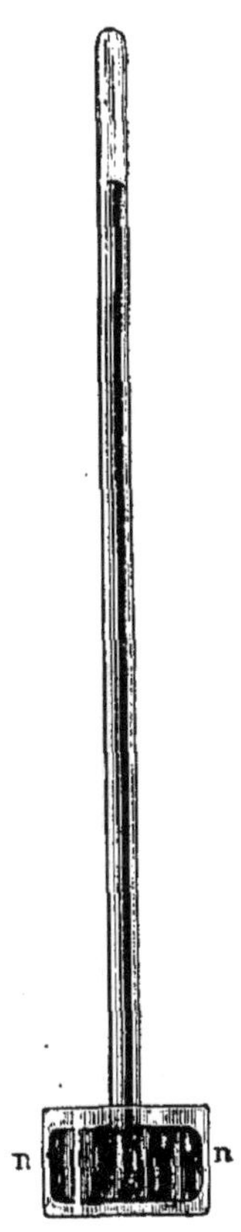

Fig. 17. — L'expérience de Torricelli, qui a donné naissance au baromètre ; — *nn,* cuvette contenant du mercure.

L'étude des moyens de produire le vide dans divers appareils continua d'absorber l'attention des physiciens de la seconde moitié du xvııᵉ siècle. Denis Papin, le Hollandais Huygens, l'Anglais sir Robert Boyle, consacrèrent une part considérable de leurs travaux à ce genre de recherches. Denis Papin, voulant en outre produire dans un vase clos des pressions intérieures beaucoup plus fortes que celles de l'atmosphère, imagina son *nouveau digesteur*, qui a gardé le nom plus vulgaire de *marmite de Papin.*

Ainsi l'étude de la pression de l'air et des moyens d'obtenir le vide conduisait peu à peu les savants à éprouver les propriétés de la vapeur qui se dégage de l'eau bouillante.

§ 2. — LA FORCE ÉLASTIQUE DE LA VAPEUR

Il est un fait bien connu, même des anciens, c'est que si l'on enferme hermétiquement dans une boule de métal, par exemple, une certaine quantité d'eau, il suffit de placer cette boule sur le feu d'un foyer ardent, pour qu'au bout de peu de temps elle éclate violemment en laissant échapper des flocons de vapeur d'eau. C'est là un effet de ce qu'on appelle la *force élastique* de la vapeur. En effet, lorsqu'on fait bouillir de l'eau dans un vase découvert, on voit la vapeur se dégager librement dans l'air. Rien ne s'oppose à son dégagement, si ce n'est la pression de l'air sur la surface libre de l'eau que l'on chauffe. Aussi, comme la vapeur augmente de force élastique à mesure qu'elle s'échauffe, il arrive un moment où elle triomphe de la pression de l'air. C'est alors que la vapeur se dégage en bulles pressées; l'eau *bout*, parce que la force élastique de la vapeur est assez énergique pour annuler la pression de l'air. Si l'on pose un couvercle sur le vase, la vapeur, gênée dans son dégagement, se glisse et s'échappe par les fissures qui peuvent exister entre le couvercle et le bord du vase. Si celles-ci sont trop étroites de temps en temps, la vapeur confinée soulève le couvercle pour se frayer une issue. Mais si le vase est hermétiquement clos, la vapeur, maintenue dans sa prison et stimulée par la chaleur du foyer, augmente indéfiniment sa force élastique. Il arrive un moment où elle presse si énergiquement à la surface intérieure du vase où elle est captive, que celui-ci ne peut résister. Il se brise, et la vapeur, se dégageant avec violence, en projette les fragments dans tous les sens.

Le *nouveau digesteur* imaginé par Denis Papin en 1681 était une application de ces propriétés. Son appareil méritait assez le nom de *marmite,* car il le présentait comme une machine propre à amollir les os et à faire cuire toutes sortes de viandes en fort peu de temps et à peu de frais. Il se composait d'un premier cylindre à parois métalliques très épaisses, où l'on versait une certaine quantité d'eau. Un second cylindre plus petit et à parois moins épaisses rentrait dans le premier, et recevait les viandes que l'on voulait cuire. On fermait l'appareil avec un couvercle en métal parfaitement adapté sur les bords du cylindre extérieur. Des écrous très solides fixaient le couvercle et achevaient de fermer hermétiquement la marmite. Cela fait, on la plaçait sur un fourneau allumé. Au bout d'un temps assez court, on retirait du feu l'appareil, on le laissait quelque peu refroidir, on l'ouvrait et l'on trouvait les viandes cuites plus ou moins à point. Mais l'art de faire la cuisine exige plus de précision, et Papin voulut y atteindre. Il pouvait arriver, en effet, soit que l'on tirât les viandes avant qu'elles fussent cuites, soit que, dépassant le temps voulu, on les laissât brûler. Il y avait intérêt à s'assurer quel degré de chaleur et quelle augmentation de pression intérieure s'étaient produits dans la machine. Pour y parvenir, Papin imagina de faire un petit trou au couvercle et d'y souder un petit tuyau ouvert aux deux bouts. Puis au bout supérieur il adapta une soupape garnie d'un coussin de papier. Il fallait maintenir cette soupape pendant le temps nécessaire à la cuisson. Il se servit pour cela d'une petite verge de fer fixée par une extrémité à une charnière soudée sur le couvercle, non loin du petit tuyau. Cette verge, de direction horizontale, venait reposer en travers sur la soupape, et était maintenue par un poids convenable accroché à son autre extrémité. Lorsque la vapeur n'était pas échauffée suffisamment, le poids tenait la verge appliquée sur la soupape, et le vase restait fermé. Mais lorsque la force élastique, accrue sous l'influence du feu, commençait à soulever la verge de fer, on apercevait aussitôt de petits jets de vapeur qui s'échappaient. Le tout était donc d'arriver par tâtonnements à charger la soupape avec un poids bien choisi. Ce petit appareil d'avertissement inventé pour son digesteur, vingt-sept ans plus tard, Papin eut enfin l'idée de l'appliquer à une machine à vapeur, la dernière qu'il ait fait construire. En 1717, on l'appliqua à la machine de Savery, et, sous le nom de *soupape de sûreté*, il n'a plus cessé de faire partie des machines à vapeur, dont il est destiné à prévenir les explosions.

§ 3. — LE THERMOMÈTRE

Cependant, durant le xviie siècle et la première moitié du xviiie, l'étude de la force élastique de la vapeur n'était guère possible. On avait, il est vrai, les moyens de mesurer les pressions à l'aide du baromètre et des instruments qu'on commençait à en tirer; mais on ne savait pas encore mesurer le degré de chaleur que le feu pouvait produire dans un corps. On ne savait pas comparer le degré d'échauffement d'un corps avec celui d'un autre.

Aujourd'hui nos idées sont bien plus précises. Lorsque deux

corps depuis longtemps en présence sont arrivés à ce que ni l'un ni
l'autre ne puisse échauffer l'autre corps, on dit qu'ils sont tous deux
à la même *température*. Si on les échauffe, on dit que leur *température augmente*, tandis que leur *température diminue* si on les
refroidit. Un instrument spécial appelé *thermomètre* nous sert à mesurer les températures.
Tous ces moyens d'investigation étaient inconnus
aux physiciens jusqu'au milieu du xviiᵉ siècle.
A partir de ce moment, on fit de nombreux
efforts pour se procurer les moyens de mesurer
les effets de la chaleur; mais c'est seulement
en 1714 qu'un fabricant d'instruments scientifiques de la ville de Dantzig, nommé Gabriel
Fahrenheit, construisit le premier thermomètre
digne de ce nom. Les Allemands et les Anglais
en adoptèrent l'usage et s'en servent encore aujourd'hui. Réaumur, modifiant le mode de gra-
duation de l'instrument, fit connaître en France
le thermomètre qui porte encore son nom. Enfin
le Suédois Celsius, en 1741, perfectionnant sur
un point important l'œuvre de ses devanciers,
dota la science du *thermomètre centigrade* (fig 18),
tel qu'on l'emploie encore aujourd'hui.

Cet instrument permet de mesurer avec une
grande exactitude les changements de température qui se produisent dans les corps. L'Écossais Joseph Black, l'un des professeurs de l'u-
niversité de Glasgow, utilisa bientôt cet admirable instrument. De 1756 à 1764, il fit connaître
dans ses cours à de nombreux élèves, dont
James Watt fut le plus illustre, ses expériences

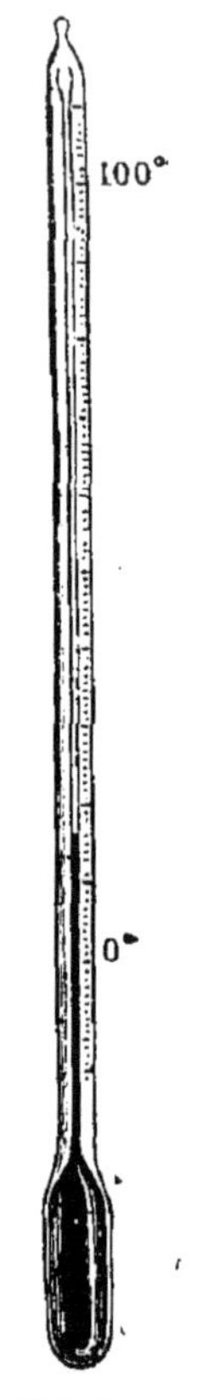

Fig. 18.
Un thermomètre
centigrade.

sur la chaleur et les belles théories à l'aide desquelles il les expliquait.

§ 4. — La formation et la condensation de la vapeur

Jusqu'en 1763, savants et ingénieurs avaient construit des machines à feu de Savery et de Newcomen, sans avoir bien analysé
les conditions dans lesquelles marchaient ces appareils. Dès le début
de ses recherches, Watt eut le soin de s'éclairer sur ces points
essentiels. Il reconnut bientôt que l'eau, en passant à l'état de vapeur, augmente considérablement de volume. Sous la pression
ordinaire, un litre d'eau à 100° donne près de 1700 litres de vapeur

à la même température. Ainsi, en passant de l'état liquide à l'état de vapeur, l'eau occupe dans l'espace une place 1700 fois plus grande. On peut comprendre dès lors d'où vient sa force élastique lorsque l'eau bout dans un vase fermé, où la vapeur, à mesure qu'elle naît, est forcée de s'accumuler dans un espace qui ne varie pas. Imaginez, en effet, que le vase en question ait une capacité de 1 litre et renferme un demi-litre d'eau : lorsqu'on aurait converti la moitié de cette eau en vapeur par l'ébullition, le quart de litre vaporisé serait confiné dans un espace de trois quarts de litre. Or, à l'air libre, cette même quantité de vapeur occuperait environ 420 litres. Elle presse donc sur les parois du vase avec une énergie irrésistible. Plus est petit le volume auquel la vapeur est restreinte, plus grande est sa force élastique.

Un autre fait relatif à la formation de la vapeur attira l'attention de Watt. Lorsqu'on chauffe de l'eau sur un foyer, sa température augmente peu à peu, et lorsqu'elle arrive à 100° du thermomètre centigrade, elle se met à bouillir. Mais, quoique l'on continue à chauffer, la température ne monte pas au-dessus de 100°. Tout le temps de l'ébullition la température de l'eau bouillante demeure invariable. Ce n'est cependant pas inutilement que l'on continue à la chauffer; car, si l'on éloigne le foyer, l'eau presque aussitôt cesse de bouillir. Il est clair que la chaleur du feu a échauffé l'eau depuis la température ordinaire jusqu'à celle de 100°. Mais lorsque l'eau est parvenue à ce point, la chaleur du foyer change d'usage. N'échauffant plus l'eau bouillante, elle en transforme une partie en vapeur. Enfin, ayons soin d'ajouter que la vapeur naissant ainsi est à la température de 100°, comme l'eau d'où elle se dégage. Il semble que la chaleur ainsi utilisée à former de la vapeur se dissimule, pour ainsi dire, puisque le thermomètre n'accuse plus sa présence par un changement de température. C'est ce que Watt, et avant lui son maître, Joseph Black, ont appelé de la chaleur à l'état latent, ou plus brièvement de la *chaleur latente.*

Du reste, cette chaleur dissimulée dans la vapeur d'eau se retrouve facilement lorsque l'on condense la vapeur, c'est-à-dire lorsqu'on la fait repasser à l'état liquide. La condensation s'effectue sans peine lorsque la vapeur est soumise à une cause de refroidissement. Mais on aurait tort de croire que la vapeur se condense et se refroidit en même temps; elle se convertit en eau à 100°. Cela vient de ce que la vapeur condensée dégage sa chaleur latente et annule ainsi l'action du refroidissement. La température reste donc invariable.

Une expérience de Black, exécutée en 1762 et répétée depuis dans tous les cours de physique, démontre très nettement que dans la condensation de la vapeur d'eau il se dégage une très grande quantité de chaleur. On prend 1 kilogramme d'eau que l'on chauffe à une température de 100°; puis on y verse 1 kilogramme d'eau que l'on a eu soin de refroidir à la température de 0°. On les mêle, et aussitôt l'on observe à l'aide du thermomètre la température de ce mélange : elle est de 50°. Ceci démontre que l'eau la plus chaude s'est refroidie de 50°, tandis que la plus froide s'est échauffée du même nombre de degrés. Les choses ne se passeront plus de même si, au lieu de mélanger deux masses d'eau, on projette dans de l'eau à 0° de la vapeur d'eau qui s'y condense. On a reconnu, en effet, que 1 kilogramme de vapeur d'eau à 100°, étant injecté dans 5 kilos et $\frac{1}{3}$ d'eau froide à 0°, on obtient par la condensation une quantité totale de 6 kilos et $\frac{1}{3}$ d'eau à 100°. Ainsi 1 kilo de vapeur d'eau se condense en 1 kilo d'eau à 100°, et dégage en outre assez de chaleur pour échauffer plus de cinq fois son poids d'eau de 0° (glace fondante) à 100° (eau bouillante). C'est la chaleur latente qui se dégage et réchauffe si énergiquement cette masse d'eau froide.

§ 5. — La vapeur chauffée dans un espace clos

Nous avons dit plus haut que, lorsqu'on fait bouillir de l'eau à l'air libre, la vapeur se dégage avec une *force élastique* ou *tension* égale à la pression de l'air atmosphérique. Mais qu'arrive-t-il lorsqu'on chauffe à plus de 100° de l'eau dans un espace clos? C'est ce que faisait Papin dans son *digesteur* ou *marmite de Papin*. C'est ce que l'on fait aussi dans les machines à vapeur. La chaudière envoie sa vapeur dans le corps de pompe, c'est-à-dire dans un espace fermé. Denis Papin savait déjà, en 1681, que dans sa marmite, lorsqu'il la chauffait, il se produisait une pression six à huit fois plus forte que celle de l'air, et qu'en la chauffant davantage on y produisait de plus fortes pressions encore. Ainsi, lorsque l'eau est chauffée à plus de 100° dans un espace fermé, la force élastique de la vapeur qui se produit s'accroît rapidement, à mesure que la température devient plus élevée. Cet accroissement de tension est à coup sûr un des dangers que l'on devait le plus redouter dans les machines à vapeur. C'est lui qui s'était manifesté déjà par plus d'une explosion avant l'époque où James Watt songeait à perfectionner la machine à vapeur. Aussi se préoccupa-t-on de reconnaître par l'observation comment augmente la tension de la vapeur à mesure qu'on la soumet, en vase clos, à de plus hautes températures.

Dès 1759, Ziegler, de Bâle, étudia ces faits avec la marmite de Papin. Watt, en 1765, au moyen d'un appareil spécial, fit sur ce sujet de nombreuses expériences. Plus près de nos jours, d'habiles physiciens, tels que Dalton, en Angleterre; Arago, Dulong et Regnault, en France, ont complètement éclairci cette importante question. On sait aujourd'hui qu'à 121° la force élastique ou tension de la vapeur d'eau est deux fois aussi forte que la pression de l'air extérieur. On dit alors qu'elle est à 2 *atmosphères de tension*. A 134°, cette tension est environ de 3 *atmosphères;* à 144°, 4 *atmosphères;* à 152°, 5 *atmosphères...;* à 180°, elle atteint près de 10 *atmosphères.*

Sachant cela, et se souvenant que la pression d'une atmosphère est égale à un poids de 1 kilogramme sur chaque centimètre carré, il est facile de connaître, d'après la température, quel effort exerce la vapeur sur les parois de la chaudière ou du corps de pompe. On peut apprécier, d'après cela, la limite de la température qu'il ne faut pas dépasser, pour éviter que les parois se rompent sous la pression intérieure. La soupape de sûreté vient encore accroître les chances de sécurité contre de pareils accidents.

CHAPITRE IV

DESCRIPTION D'UNE MACHINE A VAPEUR

§ 1. — Idée générale de la machine de Watt

Lorsqu'un moulin à vent est en marche, c'est le vent qui, en poussant les toiles attachées sur les ailes, fait tourner celles-ci et met en mouvement l'axe ou arbre de rotation. Celui-ci agit sur un mécanisme qui à son tour fait tourner la meule.

Dans un moulin à eau, c'est l'eau qui, en s'écoulant, vient heurter la roue, dont l'axe fait marcher le moulin.

Dans une machine à vapeur, c'est la vapeur d'eau produite dans une chaudière placée sur un foyer qui doit, par sa force élastique, mettre en mouvement la machine. En un mot, l'*agent moteur,* c'est-à-dire celui qui produit le mouvement, se forme dans la chaudière et développe sa force sur la machine.

Une machine à vapeur se compose donc avant tout de deux parties essentielles : 1° la chaudière; 2° la machine proprement dite.

La *chaudière,* placée sur un foyer ardent chauffé à la houille, est incomplètement remplie d'eau. L'espace restant reçoit la vapeur qui, sous l'influence du feu, se dégage de l'eau en ébullition. La chaudière est fermée de façon que la vapeur ne puisse s'échapper au dehors, et un conduit spécial la fait passer de la chaudière jusqu'à la partie de la machine sur laquelle elle va agir pour produire le mouvement. Une *soupape de sûreté* est placée sur la chaudière, afin de laisser échapper de la vapeur dès que la pression menace d'être trop forte. Cette disposition conjure les dangers d'explosion, qui sans cela seraient inévitables.

Le conduit qui amène la vapeur sortant de la chaudière aboutit à une première partie de la machine que l'on appelle le *corps de pompe*. Cette partie offre, en effet, la disposition générale de la principale partie d'une pompe. Elle se compose d'un cylindre dans lequel peut se mouvoir un *piston* plein, en montant ou descendant tour à tour, si une force vient agir sur lui. Mais, dans une pompe proprement dite, la force vient du dehors et agit sur la tige du piston. Ici c'est autre chose, la force se produit dans le corps de pompe; elle provient de la vapeur qui y est amenée par le conduit.

Cette force se développe parce que le corps de pompe est un espace clos où la vapeur s'accumule, tantôt au-dessus, tantôt au-dessous du piston. Lorsqu'elle pénètre au-dessus du piston, sans qu'il y en ait en dessous, sa force élastique presse à la fois et les parois immobiles du corps de pompe, et la face supérieure du piston. Sous cette pression, celui-ci descend et arrive bientôt au bas du corps de pompe. A ce moment, on cesse d'introduire de la vapeur au-dessus du piston, et, par un procédé que j'indiquerai, on fait disparaître celle qui y a été amenée. Mais en même temps on introduit la vapeur sous le piston, qui, pressé en sens inverse, remonte jusqu'à la partie supérieure du corps de pompe. Alors on change de nouveau la direction d'arrivée de la vapeur, on supprime comme tout à l'heure la vapeur amenée sous le piston, et les choses recommencent et se continuent ainsi alternativement.

Comme on le voit, pressé tour à tour de bas en haut, puis de haut en bas par la vapeur, le piston exécute dans le corps de pompe un mouvement de va-et-vient dans lequel sa tige est entraînée avec lui. L'effet visible du jeu intérieur de la vapeur est donc le mouvement alternatif d'ascension et de descente qu'exécute la tige du piston. C'est elle qui va fournir le mouvement nécessaire pour exécuter le travail auquel la machine est employée.

Dans les explications qui précèdent, un point est resté obscur, et il est vraiment digne de tout intérêt. Comment supprime-t-on la vapeur, lorsqu'on a besoin qu'elle disparaisse sur ou sous une des faces du piston? On la *condense*, c'est-à-dire que, par un refroidissement brusque, on la ramène à l'état d'eau. N'oublions pas qu'à l'état liquide l'eau occupe environ 1 700 fois moins de place qu'à l'état de vapeur. La condensation produit donc en quelque sorte le vide sur l'une des faces du piston, tandis qu'au même moment la vapeur agit sur l'autre face avec toute sa tension.

Dans la machine de Newcomen, on opérait le refroidissement et la condensation de la vapeur en introduisant, à chaque coup de piston, un jet d'eau froide dans le corps de pompe. Ce procédé avait pour inconvénient essentiel de refroidir le corps de pompe à tout instant. C'était le foyer qui devait le réchauffer à l'aide de la vapeur. Il y avait là une cause de dépense considérable, par surcroît de combustible.

Watt eut recours à une disposition beaucoup plus heureuse. Le conduit qui amène la vapeur est organisé de telle manière que, lorsqu'il cesse d'introduire la vapeur dans une des deux parties du corps de pompe, il ouvre un tuyau de communication par lequel celle-ci trouve accès dans un réservoir d'eau froide ; c'est le *condenseur*. La vapeur s'y précipite en vertu de sa force élastique, et, au contact de l'eau froide, elle se condense rapidement. C'est ainsi qu'elle est presque instantanément supprimée. Mais il faut se rappeler que la vapeur, en se condensant, échauffe jusqu'à l'ébullition un volume d'eau 5 ou 6 fois aussi grand que le sien après condensation. L'eau du condenseur s'échaufferait donc rapidement et cesserait d'être efficace si, au moyen d'une pompe, elle n'était à tout moment enlevée et remplacée par de l'eau froide.

Telle est l'idée générale de la machine créée par le génie de Watt en transformant les essais de ses prédécesseurs. Cette idée une fois comprise, il est facile et certainement intéressant d'examiner un peu plus en détail la construction d'une machine à vapeur.

§ 2. — LE CORPS DE POMPE ET LE PISTON

Le *corps de pompe*, qui est une des parties fondamentales dans les machines que nous décrivons, s'appelle aussi le *cylindre à vapeur*. Il a, en effet, la forme d'un cylindre. Sa hauteur est environ cinq fois égale à sa largeur. Près de chacune de ses extrémités, il reçoit un tuyau qui amène la vapeur, soit en dessus, soit en dessous du piston. Chaque extrémité du corps de pompe est fermée par une rondelle hermétiquement adaptée sur les bords du cylindre. La rondelle inférieure n'a aucune ouverture. La rondelle supérieure est percée d'un trou central par où passe la tige du piston. Cette ouverture est munie d'une boîte à étoupe qui s'oppose à ce que, par cette voie, l'intérieur du corps de pompe communique avec l'extérieur. Toutes ces parties du cylindre à vapeur sont en fonte affinée; mais extérieurement le cylindre est revêtu d'une enveloppe en bois, formée de baguettes jointives soigneusement ajustées ensemble. On la nomme *chemise du corps de pompe*. C'est un perfectionnement imaginé par Watt, dans le but de diminuer notablement la perte de chaleur qui a lieu aux dépens de tout l'appareil. Le métal, qui conduit très bien la chaleur, en laissait échapper beaucoup lorsqu'il était à nu au contact de l'air. Le bois est, au contraire, mauvais conducteur de la chaleur. Dans le même temps, il en laisse perdre une quantité environ 12 fois moindre.

Le *piston* consiste en un disque épais, glissant à frottement dans l'intérieur du cylindre. Cette condition est nécessaire pour empêcher qu'il ne se produise, au pourtour du piston, quelque fissure par laquelle puisse passer la vapeur. On commença par se servir de pistons garnis d'étoupe à leur pourtour, comme ceux de la plupart des pompes. Depuis longtemps on a renoncé à ce système, où l'usure se produisait beaucoup trop vite. On fait actuellement des pistons en métal. Le pourtour est formé de divers secteurs juxtaposés. Des ressorts intérieurs poussent ces diverses pièces et les appuient énergiquement contre les parois du cylindre. De la sorte, un contact parfait est toujours maintenu entre ces parois et le pourtour du piston.

Au centre du piston est insérée la *tige*, pièce également métallique, qui, à travers la boîte à étoupe, glisse par un mouvement alternatif dans l'ouverture de la face supérieure du corps de pompe.

§ 3. — L'APPAREIL DISTRIBUTEUR DE LA VAPEUR

Nous avons vu que, pour agir tour à tour sur la face supérieure et sur la face inférieure du piston, la vapeur doit arriver tantôt en bas, tantôt en haut du cylindre. Le mécanisme qui assure l'introduction alternative de la vapeur opère ce qu'on appelle la *distribution;* c'est l'appareil *distributeur*. Sa disposition est loin d'être toujours la même. Je décrirai, par exemple, celle que l'on désigne sous le nom de *tiroir à coquille*. C'est une des plus simples et des plus employées.

Dans ce système, la vapeur ne se rend pas directement dans le corps de pompe; elle arrive d'abord dans une boîte rectangulaire, que l'on appelle *boîte de distribution*. Celle-ci est appliquée, par.

une de ses faces, sur un appendice du cylindre qui contient les deux tuyaux par lesquels la vapeur peut se rendre en haut et en bas de celui-ci. Entre ces deux tuyaux est un espace triangulaire d'où naît, en *a* (fig. 19), le canal qui conduit au condenseur. Il en résulte que la boîte de distribution présente ainsi trois orifices placés à côté l'un de l'autre. Celui du milieu conduit dans l'espace intermédiaire d'où naît le canal du condenseur; les deux autres sont les entrées des canaux chargés d'amener la vapeur au-dessus et au-dessous du piston. Sur ces orifices glisse une pièce en forme

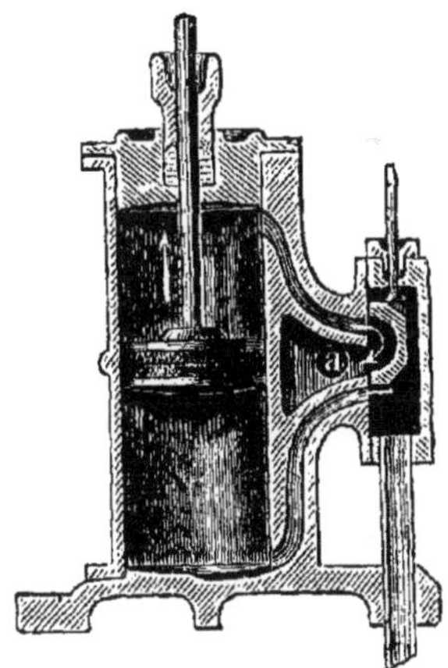

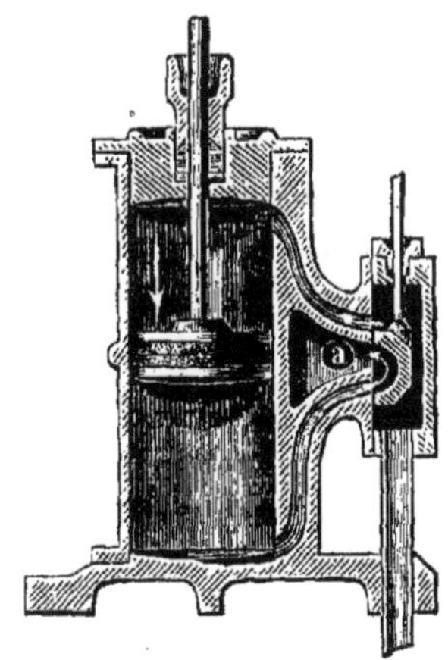

Fig. 19. — Coupe d'un cylindre à vapeur avec la boîte de distribution. — Le tiroir à coquille est ramené, par glissement, vers le haut de la boîte, de façon à faire communiquer l'espace au-dessus du piston avec le condenseur ; la vapeur entre en dessous du piston.

Fig. 20. — Cette figure représente une coupe semblable à celle de la figure précédente. — Le tiroir a glissé vers le bas de la boîte ; l'espace en dessous du piston communique avec le condenseur ; la vapeur est amenée en dessus du piston.

de coquille, assez grande pour couvrir en même temps deux d'entre eux. Cette coquille est tour à tour élevée et abaissée par une tige analogue à celle du piston, et qui se rattache à la machine, de telle sorte que celle-ci lui imprime elle-même son mouvement de va-et-vient.

Dans la figure 19, la coquille du tiroir est élevée; elle couvre alors l'orifice central et celui du conduit de vapeur aboutissant en haut du cylindre. On se rend facilement compte que, dans cette position, la partie supérieure du corps de pompe est mise en communication avec le condenseur. D'une autre part, le conduit de vapeur, aboutissant au bas du corps de pompe, communique directement avec la boîte de distribution, qui est remplie de vapeur. Dans cette position du tiroir, la vapeur se rend sous le piston, et, au contraire, l'espace supérieur se vide par l'action du condenseur.

Dans la figure 20, les choses sont inversement disposées. Le tiroir est abaissé; c'est le conduit inférieur de vapeur qui communique avec le condenseur, tandis que le conduit supérieur reçoit la vapeur et la mène au-dessus du piston.

Il est clair que, dans la première de ces deux positions, le piston remonte parce que la vapeur le presse en dessous, tandis que, dans la seconde, le piston redescend parce que la vapeur agit sur lui en dessus.

§ 4. — Le condenseur et sa pompe d'épuisement

Le *condenseur* (fig. 22, *e*) est, nous le savons, un réservoir d'eau maintenue froide et destinée à refroidir la vapeur et à la condenser, c'est-à-dire à la convertir en eau. Ce réservoir a généralement la forme d'un cylindre; il envoie un tuyau de communication (fig. 22, *d*) vers le corps de pompe, dans l'appareil de distribution de la vapeur. L'eau qu'il contient doit se renouveler d'une manière continue, pour empêcher la vapeur qui s'y condense de l'échauffer; aussi le condenseur est-il alimenté par une pompe amenant de l'eau froide puisée au dehors.

Mais le condenseur tend à se remplir sans cesse d'air, qui se dégage de l'eau à mesure que la vapeur l'échauffe; il faut une seconde pompe chargée d'enlever l'air et l'eau échauffés; c'est la *pompe d'épuisement* du condenseur. L'eau enlevée par cette deuxième pompe est conduite dans un réservoir, d'où une troisième pompe la reprend et la mène dans la chaudière. C'est la machine elle-même qui est chargée de faire marcher ces trois pompes.

§ 5. — Le balancier

D'après ce qui vient d'être dit, la tige du piston, par son mouvement alternatif de descente et d'ascension que provoque la force élastique de la vapeur, doit mettre en mouvement : 1° la pompe d'épuisement du condenseur; 2° la pompe d'alimentation de la chaudière; 3° la pompe d'alimentation de toute la machine. Cela fait donc trois tiges de piston dont il s'agit de régler les mouvements. Watt, empruntant sur ce point les procédés de ses prédécesseurs en les perfectionnant, adopta la pièce appelée le *balancier*. C'est avant tout un organe de transmission de mouvement; il ressemble à un gigantesque fléau de balance (fig. 21, D, F). Placé en haut de la machine à vapeur, il est supporté par un bâti en fonte reposant sur des colonnes de même métal. A son milieu est un axe de rotation (fig. 21, E) comparable au couteau dans le fléau de la balance. Cet axe est fixé par des supports au bâti dont nous venons de parler. Il devient par cela même un point fixe autour duquel le balancier peut osciller, élevant un de ses bras tandis que l'autre s'abaisse.

La tige du piston qui se meut dans le cylindre à vapeur s'attache à l'extrémité (fig. 21, D) d'un des bras du balancier, et à ce même bras est fixée la tige du piston de la pompe d'épuisement du condenseur. A l'autre bras sont fixées pareillement les deux tiges des pompes d'alimentation du condenseur et de la chaudière. Enfin, à l'autre extrémité (fig. 21, F) du balancier s'attache une *bielle*, sorte de gros bâton de fonte dont l'extrémité inférieure conduit une *manivelle*. Celle-ci, placée à l'extrémité d'un axe qui se meut avec elle, lui imprime un mouvement de rotation sur lui-même. C'est sur cet axe que vont prendre le mouvement les divers appareils que la machine doit faire marcher pour exécuter le travail qu'on lui demande.

§ 6. — LE VOLANT

La pièce à laquelle on donne ce nom est, pour ainsi dire, la plus apparente de toute la machine à vapeur. C'est une grande roue métallique (fig. 21, LL) d'un poids considérable. La *jante* est une pièce circulaire, en fonte, rattachée à l'axe habituellement par six rayons. Il en résulte que la masse la plus pesante du *volant* est à son pourtour.

Cette roue fait corps avec l'axe de rotation mû par une manivelle et se meut avec lui. Quand la machine entre en marche, l'impulsion transmise par le balancier se communique jusqu'au volant et le fait tourner avec une vitesse qui dépend de la vitesse même du piston. Si celui-ci, pour une cause ou pour une autre, vient à se ralentir, le volant, encore animé de la vitesse qui lui a été communiquée, réagit à son tour sur la marche du piston et tend à accélérer son mouvement. Le volant est donc une sorte de réservoir de vitesse (c'est-à-dire de travail). Quand la machine va plus vite que le volant, celui-ci acquiert de la vitesse et l'emmagasine en quelque sorte. Mais quand la machine se trouve avoir moins de vitesse que le volant, celui-ci lui en rend et la ramène à un mouvement plus rapide. C'est donc un appareil propre à régulariser le mouvement de la machine à vapeur. Il lui évite des brusques variations de vitesse qui, souvent nuisibles dans le travail, ont surtout pour inconvénient d'ébranler les diverses pièces de l'appareil et d'en altérer peu à peu la solidité.

Balancier, manivelle et volant sont autant de perfectionnements introduits par Watt. Il faut y joindre la mention d'un autre appareil connu avant lui, mais qu'il eut l'heureuse idée d'appliquer à la machine à vapeur. C'est le *régulateur à force centrifuge*. Il est destiné à régler l'admission de la vapeur dans le cylindre. Quand celui-ci, abondamment fourni de vapeur, devient le siège d'un mouvement rapide, il communique en même temps au régulateur une grande vitesse. Alors celui-ci, par cela même qu'il tourne plus vite, fait agir un mécanisme qui diminue la quantité de vapeur admise dans le cylindre. Il en résulte un ralentissement du piston qui modère tout le mouvement de l'appareil. Le jeu du régulateur a donc pour effet de maintenir la machine à peu près toujours à la même vitesse.

§ 7. — DESCRIPTION DE LA MACHINE A BASSE PRESSION

Les figures 21 et 22 sont destinées à faire comprendre la machine que nous venons de décrire, et qui est connue sous le nom de machine de Watt, bien que ce grand ingénieur ait construit plusieurs types de machines à vapeur. Celle-ci est une machine *à basse pression*, c'est-à-dire que la vapeur y atteint seulement une tension de 1 atmosphère $^1/_2$; elle est munie du *condenseur isolé* décrit ci-dessus.

La première de ces deux figures présente une vue d'ensemble de la machine (fig. 21). La seconde figure montre, au moyen d'une coupe verticale, la partie inférieure de la même machine et tout ce qu'elle renferme (fig. 22).

La lettre A désigne, dans les deux figures, le corps de pompe ou cylindre. La figure 22 représente cette partie en coupe verticale; on y voit le piston en B. Dans l'une et l'autre figure, la lettre C indique la tige du piston. A droite du corps de pompe on aperçoit l'appareil de distribution de la vapeur. Le conduit *a* vient de la chaudière (qui n'est pas représentée dans ces figures); il amène la vapeur dans la boîte à vapeur *bb*. La figure 22 montre ces parties en coupe verticale. La disposition de la boîte à vapeur est différente de celle qui a été décrite plus haut, mais l'effet mécanique est le même.

La figure 21 fait voir le balancier tout entier; à son extrémité D vient s'attacher la tige du piston; plus à gauche est fixée la tige de la pompe d'épuisement du condenseur. A ce même balancier se voient fixées deux autres tiges rapprochées en un couple; ce sont celles de la pompe qui alimente le réservoir où le condenseur prend son eau froide, et de la pompe qui ramène vers la chaudière l'eau ayant passé dans le condenseur. Enfin, à la seconde extrémité F du balancier s'attache la bielle G, qui va mouvoir la manivelle. Cette bielle se voit encore dans la figure 22, et l'on aperçoit distinctement sa jointure H avec la manivelle qui commande l'axe K et le fait tourner. Cet axe commande à son tour le volant LL et lui imprime un mouvement de rotation. Les deux figures montrent encore la pièce à claire-voie *ss*, appelée le triangle, qui se relie au régulateur à force centrifuge. Fixée à l'axe K par sa base, elle agit par son sommet sur l'appareil de distribution de la vapeur. Dans la figure 22, où la coupe fait voir les parties intérieures du soubassement, on distingue en *xx* les deux brins de la corde sans fin qui va, de l'axe

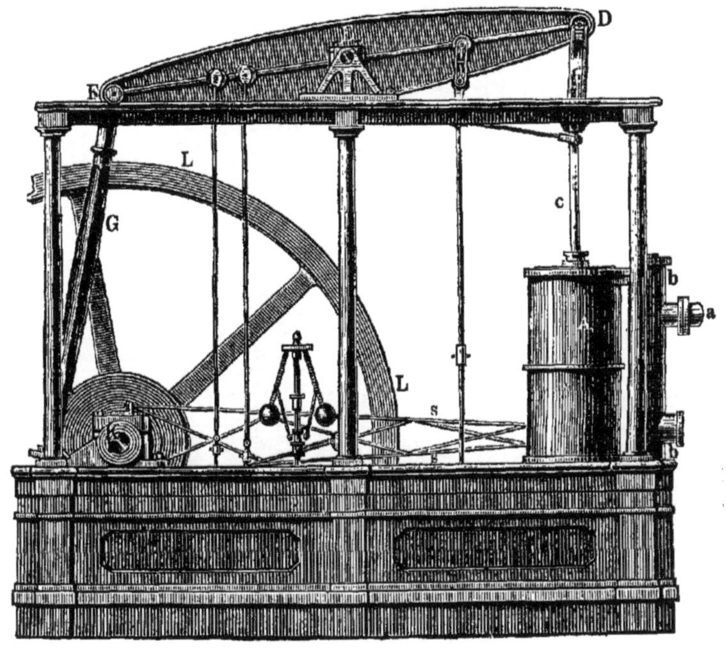

Fig. 21. — **Vue d'ensemble d'une machine à vapeur de Watt, à basse pression, avec condenseur isolé.**

du volant, faire tourner l'engrenage de la tige *y* du régulateur ; la lettre *z* désigne la tige par laquelle celui-ci agit sur le triangle SS. Le condenseur représenté dans la coupe générale est indiqué par la lettre *e ;* le conduit par lequel le condenseur communique avec l'appareil de distribution de la vapeur est marqué de la lettre *d*. En *cc* se voient les canaux par lesquels tantôt la vapeur arrive dans le cylindre, tantôt celui-ci est mis en communication avec le conduit du condenseur. La lettre *g* désigne le tuyau par lequel l'eau froide du réservoir monte et se déverse dans le condenseur. Elle y est poussée par la pression atmosphérique qui pèse sur la surface libre de l'eau du réservoir, tandis que dans le condenseur ne règne qu'une pression très faible. En *h* se voit la pompe d'épuisement du con-

denseur, dont *ii* figure le piston avec ses clapets; *k* est la soupape
qui ferme la communication directe entre le réservoir et la capacité
du condenseur; *l* est la bâche où la pompe du condenseur déverse

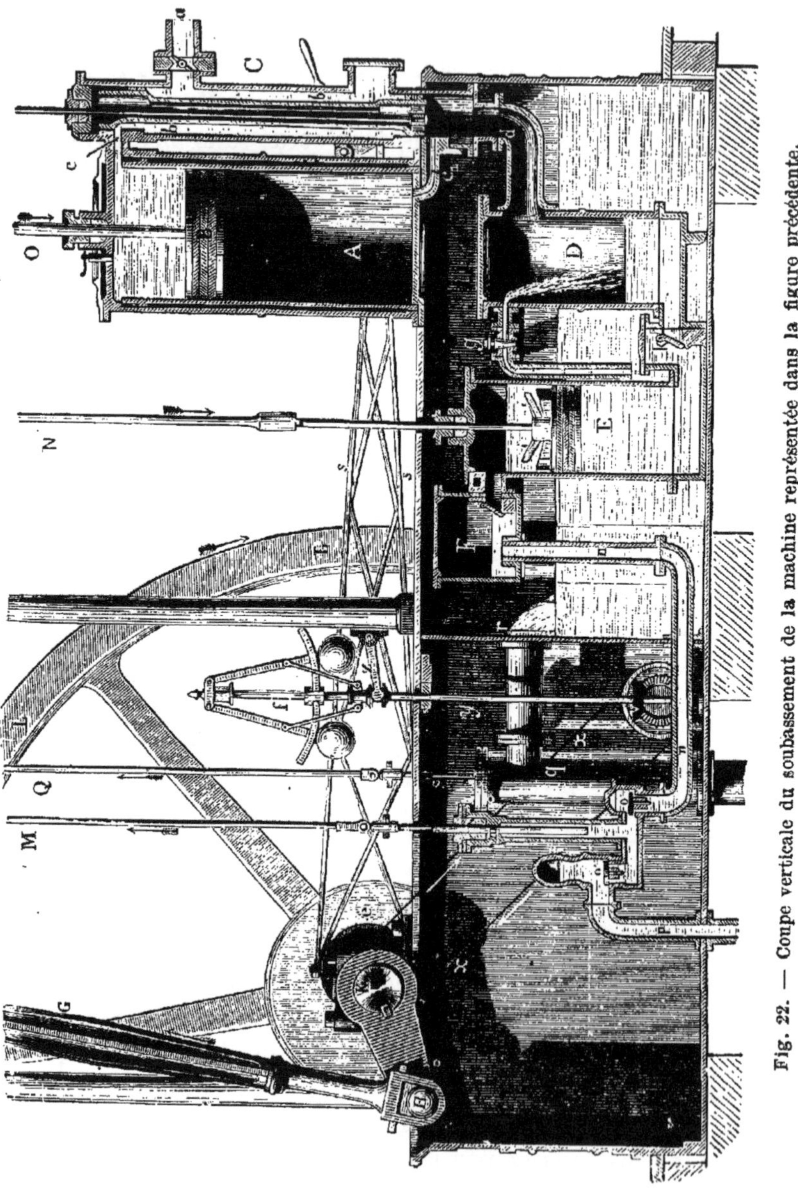

Fig. 22. — Coupe verticale du soubassement de la machine représentée dans la figure précédente.

l'eau qu'elle en retire. Cette eau va par le tube *nn*, en soulevant les
soupapes *oo'*, se rendre dans la chaudière par le jeu de la pompe *m*;
le canal *p* va dans la chaudière qui tient à la machine. La lettre *q*
désigne la pompe d'alimentation qui amène l'eau du dehors et la
déverse, par le conduit *r*, dans le réservoir général.

§ 9. — Une machine a haute pression

Après les travaux de Watt, les ingénieurs et les constructeurs, soit en suivant les nombreuses indications qu'il a laissées, soit en ajoutant à ses idées, modifièrent dans beaucoup de détails les divers types de machines à vapeur, selon les usages auxquels ils les destinaient. C'est ainsi qu'ils vinrent à porter plus haut la tension ou pression de la vapeur, en augmentant la température à laquelle elle est chauffée dans la chaudière. On commença à employer des machines à 2, 3 et 4 atmosphères de pression. C'est ce qu'on nomme les machines *à moyenne pression*. Puis on dépassa ces limites, et l'on arriva à faire des machines où la pression de la vapeur atteint 5, 6, 7, et quelquefois 8 et 10 atmosphères. Celles-ci s'appellent les machines *à haute pression*.

La figure 23 représente dans son ensemble une machine à haute pression. Elle est fixée sur un bâti par 12 écrous de dimensions inégales, et, en jetant un coup d'œil sur ses diverses parties, on remarque facilement que sa disposition est plus simple que celle de la machine du paragraphe précédent. On aperçoit d'abord le cylindre AA, au-dessus duquel saillit la tige du piston. Mais il n'y a pas de balancier. Cette tige est munie d'une pièce transversale *qq*. Deux galets la terminent, qui roulent, en montant et en descendant, sur les deux tiges fixes *llll*. Au sommet de la tige du piston s'articule une bielle P, qui se relie à la manivelle Q. Celle-ci fait tourner l'axe qui porte le volant XX, et d'autres organes de la machine auxquels il donne le mouvement. A travers un évidement du support en fonte qui soutient les diverses pièces de la machine, on aperçoit la tige *ss*, qui, de l'axe qui porte le volant, descend, derrière le cylindre, conduire le tiroir pour la distribution de la vapeur. Enfin, en V*h b* se voient diverses pièces du régulateur. La machine à haute pression représentée ici n'est pas pourvue d'un condenseur. C'est, du reste, le cas ordinaire. On aperçoit en *vv* le conduit par lequel la vapeur, qui a joué son rôle pour élever ou abaisser le piston, est ensuite mise en communication avec l'air libre, où elle se dégage.

Les premières machines à haute pression furent construites en 1782 aux États-Unis par Olivier Evans (né dans l'État de Delaware en 1755, mort en 1819). Ses essais furent accueillis avec une injuste indifférence. Plus tard, deux Anglais, Trevithick et Vivian, introduisirent, vers 1801, ces machines dans leur pays, où elles ne parvinrent à se répandre que plus de vingt ans après.

Fig. 23. — Vue d'ensemble d'une machine à vapeur à haute pression.

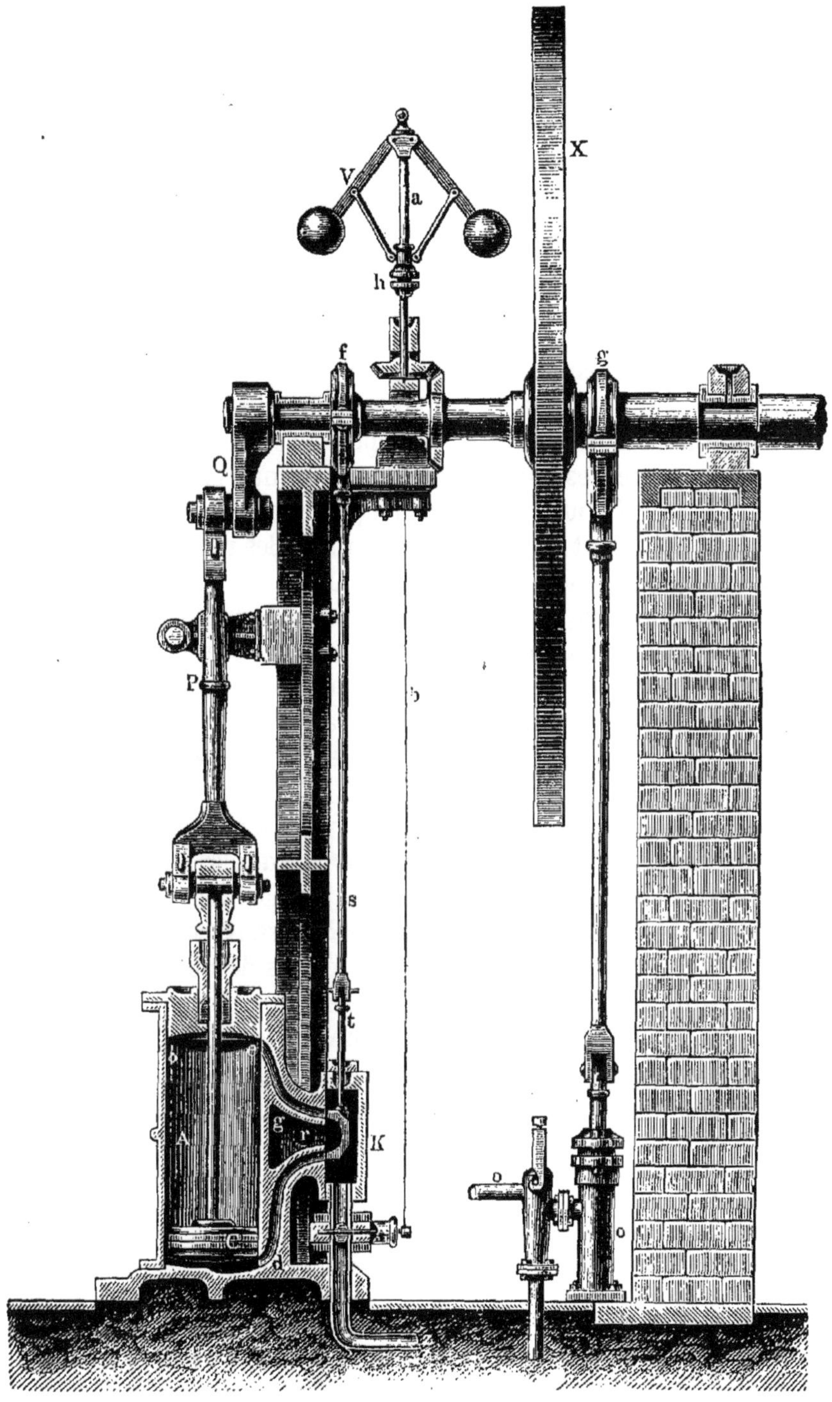

Fig. 24. — Coupe verticale et de profil de la machine figurée précédemment. Les mêmes lettres indiquent les mêmes parties que dans la figure 23 ; — *a*, axe du régulateur ; — C, coupe du piston ; — *d*, conduit amenant la vapeur sous le piston ; — *e*, conduit amenant la vapeur sur le piston ; — *f*, excentrique et bielle qui conduisent le tiroir ; — *gg*, vestibule du tube *r* qui conduit à l'air libre la vapeur sortant du cylindre AA ; — *g*, excentrique et bielle qui conduisent la pompe *oo* d'alimentation de la chaudière ; — K, boîte à vapeur ; — *t*, tige de la coquille du tiroir ; — *xx*, volant vu par sa tranche ; — *zz*, conduit amenant de la chaudière la vapeur dans la boîte K.

La France, distraite par les convulsions violentes de la révolution
et les guerres de l'empire, ne commença à connaître toutes ces
merveilles industrielles que pendant l'époque de la Restauration.
En 1824, elle eut ses premiers ateliers pour la construction des
machines à vapeur. A partir de 1832, ces nouveaux établissements
prirent peu à peu une extension considérable et se multiplièrent
sur divers points du territoire. Vingt ans après, la France possédait plus de six mille machines, et presque toutes avaient été construites dans nos usines nationales.

Il serait trop long de mentionner ici les diverses modifications
de détail qui se sont produites et se produisent encore tous les jours
dans les nombreuses usines qui, chaque année, en construisent un
si grand nombre pour les besoins de presque toutes les industries.

Tout en admirant les services incomparables rendus par ces puis-
sants engins, les savants et les ingénieurs se rendent très bien
compte des défauts qu'on leur peut reprocher. Plusieurs causes,
dans nos machines actuelles, occasionnent encore une perte considérable de chaleur. On s'est efforcé de diverses manières d'utiliser
cette chaleur perdue au profit du travail mécanique. Ces tentatives ont été peu efficaces, et l'on n'est guère parvenu à utiliser
plus de $1/7$ de la chaleur produite. C'est bien peu sans doute; mais
jusqu'ici toutes les autres machines qu'on a essayé de substituer
aux machines à vapeur sont loin de donner le même travail à
aussi bon marché. Quant à présent, la machine à vapeur et la
houille dont elle s'alimente règnent donc sans compétition dans
les usines de tout genre, sur les voies ferrées de nos grandes lignes
de communication et de transport, dans notre marine moderne, où
elles ont provoqué une révolution complète.

CHAPITRE V

L'INVENTION DU PARATONNERRE

§ 1. — LA FOUDRE, L'ÉCLAIR ET LE TONNERRE

De tout temps la foudre, l'éclair et le tonnerre ont répandu
parmi les hommes une terreur extrême. Lorsque, durant un orage,
l'air violemment agité chasse des nuages sombres et épais, qu'y

a-t-il de plus saisissant que de voir des lueurs éblouissantes éclairer un instant le ciel et se succéder à de courts intervalles ? Chaque *éclair* est suivi d'un bruit profond, grave, se répercutant en roulements sonores ; c'est le *tonnerre*, bruit formidable longtemps inexpliqué, et dont la mystérieuse grandeur, même aujourd'hui qu'on en comprend mieux la nature, reste encore un sujet d'effroi.

Ce n'est pas tout ; parfois, en même temps que l'éclair étincelle avec un affreux fracas de tonnerre, une commotion ébranle l'air et semble descendre du ciel pour frapper sur la terre. Alors c'est la *foudre;* c'est, comme on dit, *le tonnerre qui tombe.* Des accidents terribles, parfois bizarres, laissent dans l'endroit où la foudre a frappé des traces devant lesquelles les hommes demeurent étonnés et profondément émus.

La foudre, non contente de l'éclatante lumière et du fracas qui l'accompagnent, agit sur beaucoup de corps comme un feu instantané et d'une ardeur incroyable. C'est surtout le métal qui semble exposé au feu céleste. On cite souvent un fait, bien étonnant en effet, et que je veux rapporter aussi. Le 19 février 1827, pendant le jour, le paquebot de New-York, étant en mer, fut frappé de la foudre. Au sommet du grand mât se trouvait une baguette de fer longue de 1 mètre 20, et dont la base avait 11 millimètres d'épaisseur, tandis que l'autre extrémité s'amincissait en une pointe aiguë. De la base de cette tige partait une chaîne de fer de 40 mètres de longueur, et dont les chaînons étaient formés par du fer de 6 millimètres de diamètre. Après la chute de la foudre, l'extrémité pointue de la baguette était fondue sur une longueur de 30 centimètres. En outre la chaîne était fondue presque tout entière.

Parfois des matières terreuses ou des pierres gardent des traces aussi évidentes de l'action de la foudre. Le 17 juillet 1823, le professeur Hagen, de Kœnigsberg, vit tomber le tonnerre sur un bouleau, en pleine campagne, près du village de Rauschen. Aussitôt après l'orage, les gens du pays vinrent examiner l'arbre foudroyé. Ils remarquèrent, près de la base du tronc, deux trous étroits et profonds qui pénétraient dans le sol. Le professeur Hagen fit creuser tout autour pour les enlever intacts. En les examinant avec soin, il vit qu'à chacun d'eux correspondait une sorte de tube vitrifié et très brillant à l'intérieur. La foudre, sur son passage, avait fondu et converti en un verre grossier les grains de sable qu'elle avait rencontrés dans le sol. Comme il n'est pas très rare de trouver dans certains terrains des tubes du même genre, on en a conclu que ce fait se produisait souvent. Ces tubes sont désignés sous le nom de *fulgurites* (ce qui veut dire pierres de foudre).

D'autres fois, sans fondre les corps, la foudre, par une com-

Fig. 25. — Un orage, avec chute de la foudre.

motion gigantesque, les déplace, quel que soit leur poids. On en a
vu un exemple des plus étonnants à Swinton, près de Manchester,
en Angleterre. Un mur composé d'environ 7000 briques, et dont
le poids était de 26 tonnes, fut atteint par le tonnerre. Instantanément arraché de ses fondations, il glissa, sans se renverser, à
une distance de 3 mètres par une de ses extrémités, et de 1 mètre 30
par l'autre. Néanmoins il resta debout, comme s'il eût toujours été
bâti là où il venait d'être transporté.

Une pareille force est parfois fatale aux hommes et aux animaux.
On aurait tort néanmoins de croire que le nombre des personnes
qui périssent par la foudre est considérable. De tous les accidents
qui occasionnent des morts violentes, la chute de la foudre est un
des moins fréquents. Cependant quelques désastres, dus à cet
agent, ont laissé de longs souvenirs chez les populations. Ainsi,
dans la nuit du 26 au 27 juillet 1759, le tonnerre tomba sur le
théâtre de la ville de Feltre (Dalmatie). Il y eut un grand nombre
de morts, et presque tous les autres spectateurs furent blessés. Le
18 février 1770, l'église de Keverne, en Cornouailles, réunissait
les fidèles pour la célébration du service divin. Pendant la cérémonie, un orage éclata; un coup de foudre frappa le clocher et
l'église qu'il dominait. Tous les assistants furent du même coup
renversés sans connaissance. Le 11 juillet 1819, un accident du
même genre arriva dans les mêmes circonstances à Châteauneuf-
les-Moustiers. Cette fois il y eut quarante-deux morts et quatre-
vingt-deux blessés.

Le feu du ciel allume souvent des incendies lorsqu'il tombe au
milieu de matières combustibles. L'histoire de Venise en a enre-
gistré deux exemples célèbres. La tour de l'église Saint-Marc, que
l'on nomme le campanile (ou clocher), est une construction en
charpente qui s'élève en pointe dans les airs. Deux fois (en 1417 et
en 1499) elle reçut la foudre et fut totalement réduite en cendres.
Les exemples de ce genre sont assez nombreux.

Il faut en convenir, le tonnerre est un météore vraiment redoutable. On comprend que les hommes aient en tout temps essayé de
le détourner; seulement, tant qu'ils n'ont rien su de sa nature,
ils n'ont guère eu recours qu'à des moyens superstitieux, ou
ils se sont abandonnés à une terreur aveugle. Enfin, lorsqu'au
XVIIIe siècle on commença à connaître les premiers effets de l'électricité, on fut bientôt frappé des ressemblances qu'ils présentent
avec ceux de la foudre. Vers la fin de ce même siècle, le moyen
de conjurer les dangers de la foudre fut trouvé par l'un de ceux qui
avaient démontré ce qu'elle était réellement.

§ 2. — Le tonnerre et l'étincelle électrique

Six siècles avant la naissance de Jésus-Christ, le philosophe grec
Thalès a consigné dans ses ouvrages le premier fait que l'on con-
naisse concernant les propriétés électriques. Il a dit que l'ambre
jaune, après avoir été frotté, attire vivement les corps secs et légers
auxquels on le présente. Quatre siècles plus tard, le naturaliste
grec Théophraste rappelle le même fait ; il cite en outre une autre
substance qui jouit de la même propriété. Sous l'empereur Ves-
pasien, dans le 1er siècle après Jésus-Christ, Pline l'Ancien dit

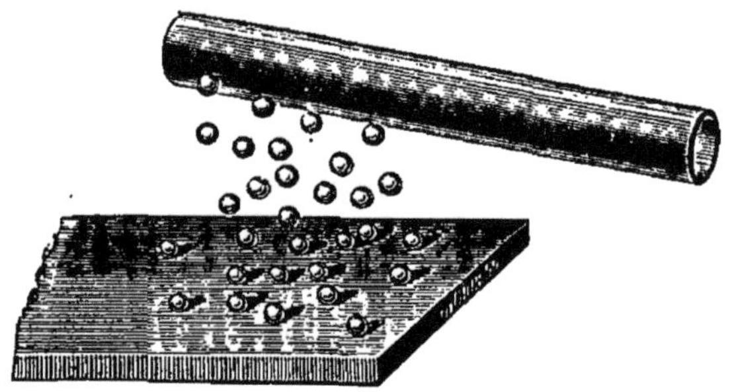

Fig. 26. — Un bâton de verre, frotté avec de la laine, attire
de petites balles de moelle de sureau.

aussi que l'ambre jaune, lorsque le frottement lui a donné la
chaleur et la vie, attire les pailles et les feuilles d'arbre d'un faible
poids. Il est donc manifeste qu'en plus de six cents ans, les connaissances des anciens étaient, sur la question qui nous occupe,
restées au même point. On peut donc dire qu'ils n'ont réellement
pas eu de connaissances sur cette partie de la physique. Néanmoins
on a tenu à conserver le souvenir du seul fait qu'ils eussent observé.
L'ambre jaune ou succin s'appelle en grec *electron*, c'est-à-dire
substance capable d'attirer. Lorsque commença l'étude sérieuse de
ces phénomènes, on leur donna le nom d'*électriques*. C'est comme
si on avait dit *phénomènes de l'ambre jaune*.

Cette étude ne date que de la fin du xvie siècle. Les premières
recherches sont dues à un Anglais nommé Gilbert de Colchester,
médecin de la reine Élisabeth. Il montra le premier que le verre,
les résines, la soie et d'autres substances, lorsqu'on les a frottées,
manifestent la même propriété que l'ambre jaune. Pour exprimer
cette aptitude momentanément éveillée par le frottement, on s'est
habitué à dire depuis lors que le verre, les résines, la soie, *s'élec-
trisent* par le frottement ; que lorsqu'ils attirent les corps légers et

secs, ils sont dans un *état électrique*. On reconnut bientôt que les
corps métalliques ne se conduisent pas de même. C'est en vain que
l'on frotte avec de la laine ou de la peau une baguette de métal que
l'on tient à la main, jamais celle-ci n'acquiert la propriété d'attirer
les corps légers.

Vers 1666, un grand progrès fut réalisé. Le célèbre Otto de
Guéricke imagina de construire un appareil capable de produire
bien plus facilement de l'électricité. Ce fut la première des *machines électriques*. Elle se composait d'une boule de soufre montée
sur deux tourillons, fixés eux-mêmes sur une table. Au moyen
d'un appareil assez semblable au vieux rouet de nos anciennes

Fig. 27. — Étincelle électrique d'une longueur de 5 centimètres
(réduite à $^1/_8$ de la grandeur naturelle),
provenant d'une forte machine qui se décharge sur une boule métallique.

fileuses, on pouvait faire tourner cette boule avec rapidité. Pour
obtenir de l'électricité, on appliquait les mains bien sèches sur la
boule de soufre, puis on la faisait tourner. Une barre métallique,
soutenue uniquement par des fils de soie, présentait l'une de ses
extrémités à une petite distance au-dessus de la boule. Souvent on
garnissait les mains d'un morceau de drap bien sec, pour ne pas
fatiguer la peau. Otto de Guéricke constata par diverses expériences,
avec cette machine, que l'électricité, non seulement attire les corps
légers, mais les repousse ensuite, et ne les attire plus avant qu'ils
n'aient eux-même touché d'autres corps. Il remarqua surtout
que, si l'on opère dans un lieu obscur ou pendant la nuit, le globe
de soufre donne des étincelles. Un observateur contemporain, le
docteur Wall, avait déjà signalé ces étincelles. Il les avait obtenues
en frottant avec un morceau de laine un gros fragment d'ambre
jaune taillé en forme de pain de sucre. Il avait reconnu que si
quelqu'un présente le doigt à une petite distance de l'ambre, on
entend un fort craquement, suivi d'un grand éclat de lumière. Ce
qui l'avait, dit-il, beaucoup surpris dans cette étincelle, c'est
qu'elle frappe le doigt très sensiblement, et y cause une impression
de vent à quelque endroit qu'on le présente. Il ajoute : « Le cra-

quement est aussi fort que celui d'un charbon sur le feu. Une seule
friction produit cinq ou six craquements, dont chacun est toujours
suivi de lumière. Cette lumière et ce craquement paraissent, en
quelque façon, représenter le tonnerre et l'éclair. »

C'est la première fois qu'en observant l'étincelle électrique un
physicien signale son analogie avec la foudre. Mais cette idée s'empara bientôt de tous les observateurs. En 1735, l'Anglais Grey
insista sur cette même analogie. L'abbé Nollet, en 1748, dans ses
leçons de physique expérimentale, se plut à développer cette idée,
et en 1750 l'Académie des sciences de Bordeaux couronna un mémoire dans lequel un médecin de Dijon, nommé Berjeret, s'était
attaché à démontrer que la foudre devait être de même nature
que les manifestations électriques. Peu de jours après, l'un des
membres de cette académie, Romas, lui lut un mémoire où, rap-
portant l'observation d'un coup de tonnerre, il s'efforce de démontrer qu'il y a identité entre les effets de la foudre et ceux de
l'électricité.

Au même moment, un Américain dont le nom est aujourd'hui
bien célèbre, Benjamin Franklin, faisait paraître une lettre où il
éclairait bien plus vivement cette question. La communication de
Romas à l'académie de Bordeaux eut lieu au mois d'août 1750.
La lettre publiée par Franklin en Amérique est datée du 29 juillet
de la même année. Le physicien du nouveau monde était, il faut
l'avouer, un peu en avance sur le physicien français. Il indiquait
très nettement les divers traits de ressemblance qu'il avait observés
entre les étincelles électriques et le tonnerre. D'après les faits qu'il
citait, il se déclarait porté à penser que le tonnerre était un phénomène d'électricité de proportions gigantesques. Il soumettait cette
conjecture aux physiciens, afin que l'on instituât des expériences
pour confirmer ou démentir cette supposition. Dans une lettre
subséquente, revenant sur le même sujet, il complétait sa pensée
en indiquant comment, si sa conjecture était vraie, on pourrait
peut-être conjurer les dangers de la foudre. Puis il indiquait som-
mairement la disposition d'un appareil, qui n'est autre que le
paratonnerre, tel qu'il le fit construire quelques années plus tard.
Ces lettres étaient adressées à Pierre Collinson, membre de la
Société royale de Londres.

§ 3. — Benjamin Franklin

L'homme qui, partageant les idées de son temps sur la nature
du tonnerre, appréciait avec une sagacité si hardie le parti qu'on

pouvait en tirer, n'était pas un savant de profession. C'était, à cette époque, un homme honorablement enrichi par l'exploitation d'une maîtrise d'imprimeur et par des publications qui avaient obtenu un très grand succès. Retiré des affaires, il consacrait son temps à étudier les langues étrangères et les sciences physiques. Son enfance ne l'avait d'ailleurs qu'incomplètement préparé à ces studieux loisirs. Il était le fils de ses œuvres; mais il avait reçu en naissant, avec une belle intelligence, un amour passionné pour le travail et l'économie, un désir généreux d'augmenter par ses travaux le bien-être de ses semblables.

Benjamin Franklin était né à Boston, en 1706, d'un pauvre fabricant de savon. Il ne reçut dans son enfance que l'instruction primaire la plus simple; mais il tira tout ce qu'il put des enseignements de sa modeste école. Quant à l'éducation, elle fut l'œuvre de sa famille. Il y puisa les principes d'une discipline morale qui contribua plus tard à la gloire de son nom. Apprenti chez un imprimeur, il y continua son instruction en dévorant tous les livres qu'il put se procurer. Il s'essaya même en publiant des chants populaires et des articles de journaux. A vingt-trois ans, grâce à son esprit d'épargne et à son travail opiniâtre, il put s'établir imprimeur à Philadelphie. Tout en faisant prospérer son industrie, il fonda une réunion périodique où l'on traitait des questions de morale, de politique et de sciences. Enfin, en 1732, il publia son fameux *Almanach du bonhomme Richard.* Cette publication populaire où, sous une forme originale, étaient présentés les connaissances usuelles les mieux choisies et les conseils d'une morale saine et élevée, mena son auteur à la célébrité. Franklin fut nommé, quatre ans après, membre de l'Assemblée générale de l'État de Pensylvanie. L'année suivante, il fut chargé de la direction des postes de Philadelphie. Il s'adonna de plus en plus aux œuvres d'intérêt public, aux questions de politique et d'administration. C'est au milieu de ces travaux de tout genre, où les recherches scientifiques occupaient une place importante, que Franklin conçut l'idée du paratonnerre.

§ 4. — FRANKLIN EN EUROPE

Lorsque la Société royale de Londres reçut, par Collinson luimême, communication des lettres dont nous avons parlé, il faut avouer qu'elle n'en apprécia nullement la valeur; il n'en fut point question dans le procès-verbal de la séance, et il n'en parut rien dans les publications habituelles de cette compagnie savante. Cependant, sur le conseil d'un des membres, moins dédaigneux des idées de Franklin que ses collègues, Collinson publia les lettres dans un journal de Londres. Le public témoigna autant d'intérêt que la Société royale avait montré d'indifférence. Dès lors celle-ci ne crut pas devoir rester dans sa première attitude. Elle reçut communication officielle d'un extrait de ces fameuses lettres; mais elle eut soin qu'il ne fût nullement question des idées de Franklin sur le paratonnerre.

La France, qui s'est montrée si souvent sourde aux premières publications de ses propres inventeurs, fut cette fois beaucoup mieux inspirée. Il est vrai que, par un heureux hasard, la révélation des travaux et des idées de Franklin fut directement faite à un des grands génies du siècle. Buffon reçut presque immédiatement communication du travail de Franklin par un simple curieux, qui en avait fait pour lui-même une traduction. Il comprit tout de suite la portée d'un pareil document. Il chargea le physicien Dalibard, un de ses amis, de faire une traduction exacte des *Lettres à Collinson,* et la publia en 1752. Il s'occupa immédiatement de faire, à son château de Montbard, les expériences suggérées par Franklin. D'après ses conseils, le même Dalibard se prépara à expérimenter à Marly-la-Ville, près de Paris. D'une autre part, un autre physicien, nommé Delor, s'occupa de faire les mêmes expériences dans une maison située place de l'Estrapade, à Paris même.

Dalibard fut le premier en état de profiter de ces préparatifs. Le 10 mai 1752, un orage éclata sur Marly. Dalibard était par hasard absent; mais il avait laissé des personnes capables de le remplacer. Les expériences les plus concluantes démontrèrent que, sous l'influence de l'orage, on pouvait obtenir des étincelles électriques, tandis que ces manifestations cessaient dès que l'orage s'était éloigné. Le 18 mai, ce fut le tour de Delor, à la place de l'Estrapade, et le 19 Buffon, à Montbard, put à son tour répéter les mêmes épreuves. Bientôt un grand nombre d'expériences du même genre se répétèrent en France et dans d'autres contrées de l'Europe. Dans tous ces essais, on opérait en général avec des barres de fer pointues, dressées dans des jardins ou au sommet de quelque édifice.

L'année suivante, Romas, de Nérac, eut l'idée de lancer dans l'air un corps léger armé d'une pointe métallique, et retenu par un fil rattaché à la terre : c'est ce qu'on appela un *cerf-volant électrique.* Il espérait ainsi aller chercher en quelque sorte l'électricité au voisinage des nuages orageux. Après quelques essais infructueux, le 7 juin 1753, Romas obtint un plein succès.

§ 5. — LE PARATONNERRE EN AMÉRIQUE

Tandis que Buffon et ses amis répondaient si bien à l'appel de Benjamin Franklin, il s'occupait lui-même de procéder aux expériences qui devaient infirmer ou confirmer ses idées. Sans rien savoir de ce qui se tentait en Europe, il essaya aussi d'un cerf-volant électrique. Il eut même l'avantage de précéder Romas dans cette voie ; mais, il faut l'avouer, son appareil était bien plus imparfait que celui du physicien français, et son expérience fut faite dans des conditions moins heureusement préparées. Néanmoins elle eut lieu au mois d'octobre 1752, et l'Académie des sciences de Paris en reçut avis au mois de janvier 1753. Romas n'avait pas emprunté l'idée du cerf-volant électrique à Franklin : dès le mois de juillet 1752, il avait fait connaître son projet d'employer un appareil de ce genre, et à cette époque Franklin n'avait ni exécuté son expérience, ni indiqué en aucune manière comment il comptait la faire. Romas eut donc raison de réclamer contre la voix publique, qui laissa son nom dans l'ombre et ne voulut redire que celui de son rival.

Ce qui était bien dû à l'initiative du génie de Franklin, c'était l'idée du paratonnerre, déjà indiquée dès 1752, et qui fut réalisée en 1760. A cette époque, le premier paratonnerre fut élevé par Franklin sur la maison d'un marchand de Philadelphie. C'était une baguette de fer longue de plus de 3 mètres, épaisse de 12 centimètres à sa base, et s'amincissant pour se terminer en pointe au sommet. De cette même base partait un conducteur en fer qui suivait la façade du bâtiment en descendant vers la terre, et qui s'y enfonçait à 2 mètres 60 de profondeur. La foudre, contre laquelle était dressé ce faible engin, semble avoir voulu le consacrer presque aussitôt ; elle le frappa peu de jours après son installation et n'occasionna aucun accident, seulement la pointe de la baguette de fer fut fondue, et la partie du conducteur qui partait de sa base fut gravement endommagée.

§ 6. — LES PRÉVENTIONS EN EUROPE

Lorsque l'invention de Franklin parvint en Europe, consacrée par des succès et exaltée par ses concitoyens, elle souleva d'abord de vives préventions. En Angleterre, ce furent des jalousies contre une colonie que la métropole craignait de lui voir bientôt échapper.

Franklin était personnellement mêlé à toutes les difficultés que soulevaient les rapports des Américains avec les Anglais, et il était l'adversaire politique de l'Angleterre. Le roi Georges III et sa cour poussèrent quelques savants anglais à soutenir que les paratonnerres en pointe, loin de préserver, étaient des plus dangereux. C'était, disaient-ils, une barre terminée en boule qu'il fallait préférer. Mais des savants étrangers tranchèrent le débat par des expériences qui furent unanimement favorables à l'invention de Franklin. En France, ce fut autre chose. L'abbé Nollet avait alors une grande influence sur l'opinion des savants de son pays. Il avait donné, des phénomènes électriques déjà connus, une théorie oubliée aujourd'hui, mais que plusieurs des découvertes de Franklin semblaient démentir. Il n'hésita pas à affirmer que le paratonnerre n'avait réellement aucune efficacité. Autour de lui, quelques physiciens allèrent même jusqu'à le déclarer dangereux. On vit les populations s'émouvoir, lorsque quelque propriétaire s'avisait de préserver sa maison à l'aide du nouvel appareil. En 1783, le tribunal d'Arras, sur la plaidoirie d'un avocat alors fort obscur, M. de Robespierre, dut casser un arrêté par lequel la municipalité de Saint-Omer ordonnait à un gentilhomme de la ville d'abattre un paratonnerre qu'il avait fait élever sur sa maison. Cependant Théodore de Saussure, qui, en 1771, avait rencontré les mêmes craintes parmi ses concitoyens de Genève, avait répandu depuis une dizaine d'années un petit ouvrage consacré à éclairer l'opinion, et qu'il distribuait gratuitement.

L'abbé Bertholon, sans s'émouvoir de ce courant de préjugés, avait installé d'assez nombreux paratonnerres à Lyon et dans plusieurs villes du Languedoc. En 1782, il fut appelé à Paris pour en établir de semblables. L'évidence dissipait peu à peu toutes les craintes. A Londres même on se décida, en 1788, à en armer le dôme de l'église Saint-Paul, et bientôt après les faîtes du palais où résidait le roi. Enfin, de proche en proche, l'invention américaine fit la conquête de toute l'Europe. Par un singulier exemple de scepticisme, Frédéric de Prusse autorisa l'usage des paratonnerres dans tout son royaume, mais il en interdit absolument l'usage pour son propre palais. Franklin vécut assez pour entrevoir le succès définitif de sa belle invention. Pendant que cette question se débattait, il avait joué un grand rôle dans son pays. A deux reprises, en 1757 et en 1764, il fut député par les colonies d'Amérique, pour venir à Londres défendre leurs intérêts. Au moment où allait éclater la guerre de l'Indépendance, il tenta de faire réussir une nouvelle mission de ce genre; mais cette fois il échoua. Retourné en Amérique pour concourir à la défense de ses concitoyens, il fut envoyé auprès du roi Louis XVI, et assura aux colonies le concours des armes françaises. Il resta en Europe comme représentant de son pays. Enfin il retourna en Amérique en 1785 ; son retour fut un triomphe. Lorsqu'il mourut, en 1790, la république

Fig. 28. — Benjamin Franklin reçu par le roi Louis XVI comme ambassadeur des colonies anglaises d'Amérique (1778).

des États-Unis d'Amérique, qui comptait à peine seize ans d'existence, mais qui devait tant à ce grand citoyen, décréta un deuil public d'un mois. En France, l'Assemblée nationale constituante prit le deuil pendant trois jours.

§ 7. — ACTION DES PARATONNERRES

Aujourd'hui personne ne doute des bienfaits de cette grande invention. Il serait trop long de rapporter les faits les plus saillants

Fig. 29. — Installation de quatre paratonnerres sur la plate-forme et les clochetons d'un château fort.

sur lesquels repose cette confiance; mais il est bon de se rendre compte de la disposition de ces appareils et de la façon dont ils agissent.

La tige d'un paratonnerre, qui se dresse au-dessus d'un édifice, est une barre de fer d'environ 9 mètres de long, et qui, à partir de sa base, va toujours en s'amincissant. L'extrémité supérieure n'a plus que 2 centimètres de diamètre, tandis que la base en avait 5 ou 6. Sur cette extrémité on visse une pointe de cuivre doré longue de 20 centimètres. La base de la tige est embrassée par un collier de fer qui est le point d'attache du conducteur. Celui-ci se compose de baguettes de fer jointes bout à bout, qui suivent les contours extérieurs de l'édifice et descendent vers le sol. Arrivé à ce niveau, le conducteur se ramifie, et il est entouré d'une couche de braise de boulanger. Le mieux est que le conducteur présente deux branches, dont l'une s'étend assez loin dans la couche superficielle du sol; l'autre descend, au contraire, jusqu'à une couche constamment humide, ou même une nappe d'eau. Il importe que le sol où aboutit le conducteur soit tout au moins un terrain humide et profond. Quant à la pointe du paratonnerre, elle doit être bien aiguë, à peu près comme un crayon finement taillé. Tel est l'appareil si simple qui, lorsqu'il est en bon état, protège l'édifice qu'il surmonte et paraît étendre son influence au moins à une longueur double de celle de la tige, tout autour de celle-ci.

L'idée du paratonnerre a été inspirée à Franklin par l'étude qu'il avait faite de ce qu'on appelle le pouvoir des pointes. Les premières expériences sur ces curieuses propriétés avaient été exécutées en 1748, à Genève, par le physicien Jalabert. L'abbé Nollet les avait répétées. Mais c'est Franklin qui mit nettement en évidence les modifications que la présence d'une pointe métallique provoque dans les manifestations de l'électricité.

Pour comprendre cette découverte, il faut rappeler brièvement les propriétés fondamentales de l'électricité. Nous avons déjà dit que certains corps tels que le verre, les résines, le soufre, acquièrent par le frottement la propriété d'attirer les corps secs et légers. Plus tard, vers 1727, Grey découvrit que les corps incapables de s'électriser directement par le frottement deviennent électriques à leur tour lorsqu'ils sont en contact avec un corps capable de s'électriser. Ainsi les métaux, l'eau, reçoivent l'électricité par contact et la communiquent à d'autres corps dans les mêmes conditions. Au contraire, le verre, les résines, le soufre, la soie, ne propagent pas l'état électrique d'un corps à un autre. On distingue donc, à ce point de vue, deux catégories : les *corps bons conducteurs* et les *corps mauvais conducteurs.*

Le physicien français Dufay, en 1733, constata qu'il existe deux sortes d'électricité. L'une s'appelle le *fluide électrique vitré* ou *positif.* C'est, par exemple, celui qui se développe sur le verre frotté avec de la flanelle sèche. L'autre est le *fluide électrique résineux* ou *négatif.* C'est, par exemple, celui qui se produit sur de la cire d'Espagne ou de la gomme-laque frottée avec une peau de chat bien séchée. Voici ce qui distingue ces deux fluides. Deux corps chargés tous deux d'électricité vitrée se repoussent ; il en est de même de deux corps chargés d'électricité résineuse. Au contraire, il y a attraction toutes les fois que les deux corps mis en présence possèdent une électricité différente. On résume ces faits dans les deux lois suivantes :

1° *Les électricités de même nom se repoussent ;*
2° *Les électricités de nom contraire s'attirent.*

Lorsqu'un corps ne donne aucun signe d'électricité, il possède

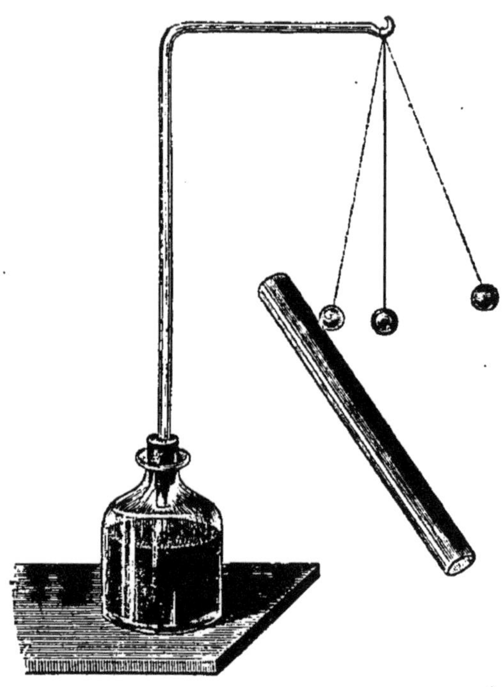

Fig. 30. — Un bâton de verre électrisé attire jusqu'au contact la balle
en moelle de sureau, puis la repousse,
dès qu'au contact elle s'est électrisée comme lui.

une combinaison des deux fluides, le vitré et le résineux. Dans cette combinaison, les deux fluides s'annulent l'un l'autre ; ils se *neutralisent*. Aussi appelle-t-on cette combinaison *fluide neutre*.

Franklin avait prouvé que les pointes métalliques semblent soutirer l'électricité aux corps qui en sont chargés. Ayant observé ce fait dans des expériences de laboratoire, il imagina qu'on pourrait ainsi soutirer l'électricité d'un nuage orageux en maintenant dirigée vers lui une pointe métallique de dimensions convenables.

On peut dès lors se faire une idée de l'effet que produit un paratonnerre. Supposons, au-dessus de l'édifice qu'il surmonte, un nuage orageux chargé d'électricité vitrée ou positive. Le fluide, dont ce nuage est abondamment pourvu, agit énergiquement sur tout l'édifice, et principalement sur la tige du paratonnerre qui se dresse vers lui. Sous son influence, le fluide neutre du bâtiment et de la tige métallique est décomposé. Le fluide vitré provenant de cette décomposition est repoussé dans le sol et s'y rend par le conducteur du paratonnerre. Le fluide résineux est, au contraire, attiré par le nuage ; il s'accumule surtout dans la tige du paratonnerre et s'écoule par la pointe pour aller neutraliser en partie le fluide vitré du nuage. De la sorte, le paratonnerre prévient toute accumulation de l'électricité dans aucune partie de l'édifice. D'une autre part, sa pointe, qui domine tous les autres corps conducteurs qui peuvent se trouver dans le bâtiment, est plus fortement chargée d'électricité. Enfin, par cette même pointe s'écoule incessamment de l'électricité qui tend à neutraliser plus ou moins complètement celle des nuages orageux. Voilà comment agit en réalité le paratonnerre : c'est en neutralisant partiellement l'électricité des nuages qu'il semble la leur soutirer.

S'il arrive que les nuages orageux se déchargent sur l'édifice, ce sera justement sur le paratonnerre, et, par le conducteur, la foudre inoffensive sera conduite jusque dans le sol. Mais dans la plupart des cas le paratonnerre ne subira pas cette épreuve, parce qu'il diminue la tension des nuages électrisés et diminue ainsi les chances de voir tomber la foudre.

CHAPITRE VI

LES BALLONS

§ 1. — L'EXPÉRIENCE D'ANNONAY

Le 5 juin 1783 fut un jour extraordinaire pour la petite ville d'Annonay. Sur une de ses places, on se pressait autour d'une enceinte où devait se faire une expérience tout à fait nouvelle. Deux manufacturiers de la ville, Joseph et Étienne Montgolfier (nés à Vidalon-lez-Annonay (Ardèche) : Joseph, en 1740, mort en 1810 ; Étienne, en 1745, mort en 1799), allaient, devant toute la population, faire monter dans les airs un appareil inventé par eux. La machine qui devait exécuter ce prodige était là, sur la place, dans l'enceinte réservée. Ses dimensions étaient énormes : elle n'avait pas moins de 36 pieds (12 mètres) de diamètre. Mais son poids ne répondait pas à sa taille. C'était une simple enveloppe formée de

Fig. 31. — Les deux frères Joseph (né en 1740, mort en 1810)
et Étienne (né en 1745, mort en 1799) Montgolfier.

papiers collés sur une toile d'emballage. A la partie inférieure de cette vaste machine on apercevait une sorte de treillis en fil de fer formant comme un vase rempli d'un mélange de paille mouillée et de laine hachée. C'était là l'engin que les deux Montgolfier avaient annoncé qu'ils feraient voyager dans l'atmosphère. Les deux opérateurs étaient connus pour des hommes ingénieux. Dans l'industrie de la papeterie, à laquelle les Montgolfier se livraient de père en fils, ils avaient introduit des perfectionnements remarquables. C'étaient à la fois d'habiles industriels et des mécaniciens d'un grand mérite. On répétait dans la foule le récit des essais auxquels ils s'étaient livrés déjà sans témoins. Dès le mois de novembre précédent, ils avaient fait monter dans l'air, à une grande hauteur, une petite machine formée d'une enveloppe de soie d'une capacité d'environ six pieds cubes (à peu près 200 litres). Tout récemment ils avaient recommencé ces essais avec une machine dix fois plus grande, et tel avait été le succès, que la machine avait rompu les amarres qui la retenaient, s'était rapidement élevée à 900 pieds (300 mètres) de terre, et, détournée par le vent, était allée s'abattre sur une des collines voisines. L'expérience que l'on avait promise à la foule devait être bien plus grande encore, d'après les dimensions du nouvel appareil. Du reste, on se montrait les places réservées pour les membres de l'assemblée des états du Vivarais, en ce moment réunie dans la ville. Ils devaient tous assister à ce spectacle si nouveau.

Les deux frères Montgolfier ne tardèrent pas à se montrer. Dès que l'assistance fut complétée par l'arrivée des membres des états, ils commencèrent leurs opérations. Aux cordes qui retenaient la machine, on plaça des hommes chargés de la maintenir et de ne lui donner la liberté qu'au signal convenu. Alors les deux expérimentateurs allumèrent le mélange de paille mouillée et de menus morceaux de laine. Une fumée abondante s'engouffra sous l'enveloppe de papier collé. La foule était dans la plus vive attente; mais son émotion se manifesta dès qu'elle vit l'énorme machine se soulever et fatiguer bientôt les bras des hommes qui la retenaient. Enfin on donna le signal, et en même temps tous les manœuvres lâchèrent les cordes. Alors ce fut aux applaudissements frénétiques des spectateurs que la machine, emportant son réchaud, monta rapidement dans les airs. En dix minutes elle parvint à une hauteur de 1 500 pieds (500 mètres). Elle plana assez longtemps sur la foule, où personne ne la quittait des yeux. Enfin on la vit redescendre lentement vers la terre.

Les spectateurs étaient dans un enthousiasme inexprimable. Immédiatement on dressa un procès-verbal de cette magnifique expérience. Les membres des états la signèrent, et on l'expédia à l'Académie des sciences de Paris.

§ 2. — L'expérience du Champ-de-Mars

Dès que la renommée eut porté à Paris la merveilleuse nouvelle, tout le monde réclama que l'expérience fût répétée sans délai. L'Académie des sciences, à la demande du gouvernement, nomma une commission de huit membres, parmi lesquels Lavoisier et Condorcet. Elle devait s'enquérir des procédés employés par les Montgolfier et les mettre en demeure de venir à Paris répéter, aux frais de l'Académie, l'expérience d'Annonay. Mais le public, impatient, prit les devants. Une souscription spontanée fournit en peu de jours dix mille francs pour essayer sans retard une ascension, n'importe par quel procédé. Un jeune physicien, nommé Charles (né à Beaugency en 1746, mort en 1823), prit en main la conduite de l'entreprise. Sachant seulement que la machine des Montgolfier contenait un gaz moitié moins pesant que l'air, il s'arrêta tout de suite à l'idée d'employer le plus léger des gaz, l'hydrogène (dont 1 litre pèse 14 fois moins que 1 litre d'air). Ce choix rendait plus probable le succès de l'expérience, à cause de la grande légèreté spécifique du gaz. Les frères Montgolfier avaient eu la même idée dans leurs premiers essais; mais ils se procuraient difficilement l'hydrogène, qu'on n'avait jamais alors préparé en grand. D'ailleurs la tentative qu'ils avaient faite avec un petit appareil n'avait pas réussi : le papier dont était formée l'enveloppe laissait passer l'hydrogène, qui s'échappait peu à peu et était bientôt remplacé par de l'air. Charles ignorait tous ces détails. A grand'peine il installa des appareils capables de donner l'hydrogène en grande quantité. D'une autre part il fallait se décider sur la nature de l'enveloppe : il prit le parti de faire un grand ballon en taffetas.

Alors il ne restait plus qu'à opérer le gonflement du ballon. Les appareils pour la production de l'hydrogène étaient installés dans l'usine des frères Robert, près de la place des Victoires. C'est aussi là qu'on avait confectionné l'enveloppe. On mit quatre jours à la gonfler de gaz hydrogène. La foule, impatiente, assiégeait les portes de l'usine pour s'enquérir du succès de l'opération. Le 27 août 1783, le ballon fut transporté pendant la nuit au Champ-de-Mars. On le plaça au milieu de l'enceinte réservée, et des cordes fixées au pourtour du ballon furent attachées au sol, où l'on avait scellé des anneaux en fer. La matinée fut consacrée à terminer le gonflement. Il est impossible de dire combien de milliers de personnes se rendirent au spectacle qu'on leur avait préparé. D'après les récits du temps, d'après les gravures, qui reproduisirent à l'envi cette mémorable expérience, il y avait des spectateurs partout où l'on pouvait voir, jusque sur les bords de la Seine et sur les hauteurs de Passy. Un coup de canon, tiré à cinq heures du soir, annonça le commencement de l'expérience. A peine détaché, le ballon s'éleva rapidement dans les airs, parvint en trente secondes à 3000 pieds (1 000 mètres), puis disparut dans un nuage, pour bientôt reparaître au-dessus et s'effacer encore dans les nuées. Les émotions les plus variées et les plus vives s'emparèrent de la foule à ce magnifique spectacle, qui n'avait duré qu'un instant. En vain tombait une pluie violente, personne n'y songeait ; les uns versaient des larmes d'attendrissement et de joie, d'autres s'embrassaient avec ivresse. Cependant le ballon ne se voyait plus. On sut peu après que trois quarts d'heure plus tard il était tombé doucement à cinq lieues de Paris, près d'Écouen, où une troupe de paysans de Gonesse l'avait détruit pour se venger de la frayeur qu'il leur avait causée.

Étienne Montgolfier avait assisté à l'expérience que nous venons de raconter. Il venait d'arriver à Paris, où il faisait construire un ballon à air chaud du même système que celui d'Annonay. Le 12 septembre, il répéta son expérience devant la commission de l'Académie des sciences. Elle réussit, mais un orage détrempa la machine et l'abîma complètement. Montgolfier redoubla d'énergie et d'activité pour réparer ce désastre ; car le roi l'attendait à Versailles le 19, et voulait assister à l'ascension du nouvel appareil. Il parvint à construire en cinq jours un nouveau ballon plus solide et plus grand que celui qui avait été endommagé. L'expérience eut lieu au jour dit dans la cour du château de Versailles. Pour essayer l'influence de l'ascension sur les animaux, on attacha sous le ballon une cage en osier renfermant un mouton, un coq et un canard. Le roi, la cour, tout Versailles et une partie de la population des alentours étaient réunis dans la cour du château, sur la place d'armes et dans les avenues qui y aboutissent. Le ballon s'enleva avec grand succès vers deux heures, mais au bout de dix minutes un violent coup de vent y fit une large déchirure. Il alla tomber lentement dans le bois de Vaucresson. La cage fut renversée, et les animaux en sortirent sans accident.

§ 3. — LES PREMIERS VOYAGEURS AÉRIENS

Un jeune physicien, nommé Pilâtre de Rozier (né à Metz en 1756, mort en 1785), avait suivi avec une étrange anxiété toute l'expérience du 19 septembre. Il était arrivé le premier sur le lieu où l'appareil était redescendu, et il s'était assuré que les animaux en-

Fig. 32. — Descente d'une montgolfière.

levés avec l'appareil n'en avaient éprouvé aucun inconvénient. L'essai était donc favorable. Pilâtre de Rozier fut dès lors résolu à exécuter un voyage dans les airs à l'aide de l'appareil de Montgolfier. Il s'entendit avec celui-ci, et l'on construisit, dans les jardins du faubourg Saint-Antoine, un ballon capable de recevoir 20000 mètres cubes d'air. Il avait 20 mètres de haut et 16 de diamètre. Il fallait y préparer une place convenable pour les voyageurs. On se décida à leur ménager une galerie d'osier tout autour de l'ouverture inférieure, au milieu de laquelle était suspendu le réchaud. Cette galerie avait un mètre de large et était bordée d'une balustrade devant servir de garde-fou. On fit des essais préparatoires pendant quatre ou cinq jours. L'impatience et la curiosité du public étaient à leur comble. Montgolfier, craignant quelque accident, voulut retarder encore. Le roi, ému de ses scrupules, défendit de hasarder une telle expérience, à moins que l'on ne plaçât sur la galerie deux condamnés à mort auxquels on promettrait leur grâce. Pilâtre se raidit contre tous les obstacles, et fit tant, que le roi revint sur son ordre. Enfin, le 21 octobre 1783, Pilâtre de Rozier et un jeune gentilhomme languedocien, le marquis d'Arlandes, exécutèrent le premier voyage en ballon.

Le départ eut lieu dans les jardins de la Muette, près de Paris, en présence du dauphin, à une heure de l'après-midi. Benjamin Franklin y assistait. Tous les alentours étaient remplis d'une multitude inquiète et sympathique. Le ballon se montra bientôt à environ 100 mètres de hauteur, puis le vent l'entraîna le long de la Seine jusqu'auprès des tours de Notre-Dame. Il fut ramené vers l'hôtel des Invalides, revint au-dessus de Saint-Sulpice, franchit le mur d'enceinte non loin de la barrière Saint-Jacques, et s'abattit doucement sur la Butte-aux-Cailles. Quant aux voyageurs, ils n'éprouvèrent aucune sensation pénible, et revinrent auprès de leurs amis, enivrés d'un enthousiasme facile à concevoir. Il est probable qu'on n'aurait pas impunément répété plusieurs fois cette tentative imprudente, où rien n'avait été préparé pour conjurer des dangers qu'il était facile de prévoir.

Cinq semaines après, Charles et Robert firent une ascension dans des conditions toutes différentes. Cette seconde épreuve eut lieu le 1er décembre, à deux heures, au jardin des Tuileries. Inutile de dire que la foule était aussi compacte, aussi empressée que dans les occasions précédentes. Le ballon était plus petit que ceux du 12 septembre et du 21 octobre; mais il était gonflé de gaz hydrogène. Charles avait imaginé pour le gouverner les dispositions encore en usage aujourd'hui : la soupape, le filet entourant le ballon et soutenant la nacelle; le lest, dont l'usage permet de monter dans l'atmosphère; enfin l'emploi du baromètre pour reconnaître si l'appareil monte ou descend. A un coup de canon qui servit de signal, le ballon, abandonné à lui-même, se souleva et monta lentement dans les airs : ce furent des acclamations frénétiques. Il se porta vers Monceau, traversa plusieurs fois la Seine près d'Asnières, puis près d'Argenteuil, se porta au nord jusqu'au-dessus de l'Ile-Adam, et descendit enfin dans la prairie de Nesles, où Robert mit pied à terre. Charles repartit aussitôt, s'élevant à une grande hauteur, pour faire quelques observations scientifiques. Enfin il redescendit à son tour deux lieues plus loin, à cinq heures un quart. Le succès de ce second voyage était complet. Charles et Robert, tout en suivant, il est vrai, l'impulsion du vent, avaient pu s'élever et s'abaisser à leur gré dans les airs, se placer selon les hauteurs dans tel ou tel courant atmosphérique, opérer une fausse descente, puis reprendre un nouvel essor; tout cela grâce aux combinaisons imaginées par Charles.

Les sensations éprouvées par les deux savants qui avaient dirigé ces deux expériences étaient profondément différentes. Pilâtre de Rozier ne rêvait que de recommencer ces périlleuses entreprises. Charles, au contraire, avait fait le 1er décembre 1783 son premier et son dernier voyage aérien. Il paraît que dans la prairie de Nesles, dès que Robert eut mis pied à terre, le ballon, subitement allégé de la moitié de son fardeau, repartit comme une flèche et enleva brusquement Charles à près de 4000 mètres au-dessus de terre. L'angoisse du malheureux savant fut affreuse jusqu'à ce qu'il réussit par ses manœuvres à arrêter l'ascension. En descendant de sa nacelle, il jura de ne plus s'exposer à une pareille émotion, et il tint parole. Peut-être lui pardonnera-t-on lorsqu'on saura que Pilâtre de Rozier, après plusieurs entreprises de ce genre, périt dix-huit mois plus tard dans un dernier voyage, où il avait, il faut le dire, accumulé toutes les imprudences.

§ 4. — Les aérostats

Bien que l'on ait l'habitude d'appeler *ballons* les machines à l'aide desquelles on s'élève dans l'atmosphère, ce nom n'est pas toujours très juste. Il éveille une idée d'appareils de forme arrondie; or telle n'est pas toujours la forme adoptée. On a donc préféré donner à ces machines le nom général d'*aérostats*, tiré de la langue latine et qui signifie : se tenant en équilibre dans l'air. De même on a appelé *aéronautes* les voyageurs qui prennent place dans la nacelle qu'un ballon peut entraîner avec lui. Ce nom veut dire *navigateurs aériens.* On a vu que les aérostats furent dès l'origine de deux systèmes distincts. Les uns sont gonflés d'air chaud, à l'exemple des appareils employés par les frères Montgolfier : on les nomme souvent des *montgolfières*. Les autres sont remplis d'un gaz non chauffé, mais plus léger que l'air. Le plus souvent aujourd'hui on se sert du gaz d'éclairage, qui, à volume égal, est environ moitié moins pesant que l'air atmosphérique. C'est à ces appareils, d'ailleurs les plus employés, que s'applique plus spécialement le nom d'*aérostats.* L'usage des montgolfières est à peu près abandonné. Mais ces deux genres d'appareils se maintiennent dans l'air par le même mécanisme. Il y a plus de deux mille ans qu'un savant grec a démontré une vérité naturelle qu'en son honneur on nomme encore le principe d'Archimède. Voici en quoi elle consiste.

Lorsqu'un corps est plongé dans le sein d'un fluide (c'est-à-dire d'un liquide ou d'un gaz), il y est soulevé par une force égale au poids du fluide dont il tient la place. Si le corps plongé pèse plus que le fluide au milieu duquel il se trouve, il y éprouve alors une sorte d'allègement; il y perd une partie de son poids égale au poids du fluide qu'il remplace. Mais ce qui nous intéresse surtout ici, c'est le cas contraire, où le corps plongé pèse moins que le fluide dont il occupe la place. L'air chaud, ou le gaz non chauffé dont on gonfle les aérostats, pèse toujours moins que l'air ordinaire dont il tient la place. On en peut conclure que tout aérostat est soulevé par une force plus grande que son propre poids. L'effet du poids de l'aérostat est donc annulé, et la force qui le soulève est en outre capable de le faire monter dans l'air. Il se passe dans ce cas ce qui arrive lorsque l'on plonge avec la main un bouchon de liège au fond d'un bassin d'eau. Le liège est plus léger que l'eau, de telle sorte que l'eau dont il tient la place a un poids supérieur à celui du bouchon. Il en résulte que le bouchon semble ne plus rien peser. De plus, aussitôt qu'on le lâche, au lieu de tomber, il monte dans l'eau. Il est, en effet, soulevé par une force égale à l'excès du poids de l'eau déplacée sur le poids du bouchon.

C'est de la même manière que l'aérostat est soulevé dans l'air par une *force ascensionnelle* égale à l'excès du poids de l'air dont le ballon tient la place sur son propre poids. Un aérostat se compose habituellement d'une enveloppe légère, mince et flexible. Le plus souvent cette enveloppe a la forme générale d'un globe prolongé à sa partie inférieure en une sorte d'entonnoir que termine une large ouverture; c'est par là que l'on introduit le gaz lors du gonflement. La moitié supérieure de cette boule est coiffée d'un filet léger mais très résistant, dont le bord fait le tour du ballon, au niveau de son plus grand diamètre. De ce bord partent des cordes

nombreuses : les unes servent à accrocher la nacelle d'osier où les
aéronautes prendront place avec leurs bagages ; les autres servent
à retenir l'aérostat à des piquets ou des anneaux solidement fixés
dans le sol. Il est nécessaire, en effet, de le maintenir ainsi pendant
qu'on le gonfle et jusqu'au moment où il doit partir.

En haut du ballon est une ouverture que ferme en dedans une
soupape pressée par un ressort. Une corde part de cette soupape et
pend dans l'intérieur du ballon et par l'orifice inférieur jusque
dans la nacelle. L'aéronaute doit s'en servir au besoin pour tirer la
soupape, ouvrir le haut de l'aérostat et laisser échapper une
certaine quantité du gaz dont il est gonflé. Ce gaz est aussitôt remplacé par de l'air extérieur, qui pèse plus que lui. Cette manœuvre
alourdit l'aérostat et le fait descendre dans l'atmosphère.

Mais il faut aussi que l'aéronaute puisse alléger l'aérostat lorsqu'il veut monter au milieu de l'air. Pour cela il emporte avec lui
dans sa nacelle quelques sacs de sable fin. Lorsqu'il veut s'élever,
ou simplement ralentir son mouvement de descente, il jette par-
dessus bord une certaine quantité de ce sable ; c'est ce qu'on appelle
jeter du lest.

Parvenu à une certaine hauteur, l'aéronaute ne voit plus autour
de lui que des nuées, ou tout au moins une couche de nuages qui
lui dérobe la vue de la terre. Pour savoir si son aérostat monte ou
descend, il lui faut dans la nacelle un baromètre. Si le mercure de
l'instrument va en s'abaissant dans le tube, l'aérostat monte et
s'éloigne de la terre. Si le mercure s'élève, l'aérostat, au contraire,
descend. En outre, on a l'habitude d'attacher autour du ballon une
ou deux grandes banderoles qui flottent dans l'air ; leurs mouvements avertissent sans cesse du sens où se meut l'appareil.

§ 5. — LES VOYAGES EN BALLON

Depuis les premières expériences qui ont été racontées plus haut,
le nombre des ascensions qui ont eu lieu en tout pays se comp-
terait par milliers. Les aérostats furent employés dans les fêtes
publiques ; dans les armées, pour dominer le pays où l'on
manœuvre et observer les allures de l'ennemi ; enfin plusieurs
ascensions eurent pour but des observations scientifiques sur la
constitution des hautes régions de l'atmosphère. L'usage que l'enthousiasme des premiers temps assignait à l'invention des deux
Montgolfier est justement celui auquel elle est restée rebelle jusqu'à
ce jour. Le rêve des aéronautes est évidemment de voyager dans
les airs comme le font si bien les oiseaux, c'est-à-dire de se rendre

par cette voie là où l'on veut aller, de toucher même, s'il est besoin, à des stations intermédiaires ; en un mot, de se diriger dans l'atmosphère. Malgré bien des tentatives, malgré de nombreux martyrs qui ont succombé dans des essais aventureux, à peine savons-nous encore diriger les ballons. Depuis une trentaine d'années des progrès ont été réalisés, et le problème est évidemment près d'être résolu. C'est qu'en vérité rien n'a arrêté les générations d'aéronautes qui travaillent à le résoudre. Dès le 7 janvier 1785, Blanchard, accompagné du docteur Jeffries, traversa la Manche de Douvres à Calais, après avoir couru les plus grands dangers. Peu de temps après, le docteur Potain passa d'Angleterre en Irlande en traversant dans un ballon le canal de Saint-Georges.

Le siège de Paris, en 1870, est célèbre par les efforts que firent les assiégés pour communiquer, par-dessus les lignes ennemies, avec les parties de la France que nos armées occupaient encore. Du 23 septembre 1870 au 28 janvier 1871, soixante-quatre ballons, soigneusement construits et lancés, sont partis de Paris, et malheureusement leurs aventures démontrent que les aéronautes échouèrent dans leurs efforts pour les diriger. Deux de ces aérostats sont allés tomber dans la mer, l'un du côté de Plymouth (Angleterre), l'autre près de la Rochelle. Cinq ont été capturés par les Allemands, parce qu'ils étaient descendus au milieu de leurs campements. Onze autres furent emportés en pays étrangers : en Norvège, dans la Prusse Rhénane, en Bavière, en Hollande et en Belgique.

Ce qui démontre bien quelle était à cette époque notre impuissance à diriger les ballons, c'est l'échec complet des tentatives faites pour pénétrer par ces voies dans Paris assiégé. Et pendant le même temps les seuls messagers qui aient pu apporter des nouvelles aux Parisiens bloqués dans leur ville sont des pigeons voyageurs.

On doit concevoir le ferme espoir de résoudre une pareille difficulté si l'on se rappelle certaines expériences. M. Dupuy de Lôme, en 1872, avec un aérostat d'une forme allongée, a pu s'élever dans l'air, à Paris, et suivre une route déterminée au-dessus des départements de l'Oise et de l'Aisne. En 1883, MM. Gaston et Albert Tissandier, par des procédés nouveaux, parvinrent à exercer une certaine action directrice sur leur aérostat. Enfin les belles ascensions exécutées en 1884, à Meudon, par MM. Ch. Renard et A. Krebs, donnèrent les premières le spectacle d'un aérostat obéissant à la manœuvre, et revenant, après plusieurs évolutions, exécuter sa descente au lieu du départ.

Les aérostats sont donc jusqu'à présent des engins propres à nous enlever dans des régions plus ou moins hautes de l'atmo-

Fig. 33. — Catastrophe du ballon *le Géant*, poussé par le vent à la descente, et traînant violemment sur le sol, pendant un long trajet, sa nacelle avec ses voyageurs.

sphère; mais quant à voyager avec eux dans les airs, nous [entre-voyons seulement qu'un jour cela sera possible. Les plus grandes hauteurs auxquelles on soit parvenu sont 8838 mètres (1862, l'Anglais Glaisher), 8600 mètres (1875, les Français Sivel, Crocé-Spinelli et Gaston Tissandier), 7400 mètres (1803, les Flamands Robertson et Lhoest), 7016 mètres (1852, les Français Barral et Bixio), 7004 mètres (1804, le Français Gay-Lussac).

CHAPITRE VII

L'ÉCLAIRAGE AU GAZ

§ 1. — UN INVENTEUR MALHEUREUX

Le 3 décembre 1804, au point du jour, quelques ouvriers qui se rendaient à leurs travaux s'arrêtèrent avec effroi autour d'un homme étendu sur la terre dans les Champs-Élysées. Le malheureux reposait dans une mare de sang. En relevant le corps, ils reconnurent que c'était un cadavre et qu'il était percé de nombreux coups de couteau. C'était d'ailleurs un homme dans la force de l'âge et vêtu comme un bourgeois aisé. Quelques heures après, ce corps était reconnu pour celui de Philippe. Lebon, ingénieur des ponts et chaussées, qui avait dirigé vers l'industrie son activité et ses connaissances. Il venait d'être assassiné à l'âge de trente-cinq ans ; et au milieu des agitations politiques qui absorbaient tous les esprits, on négligea de rechercher le motif et l'auteur de sa mort. Telle était l'indifférence publique pour un homme qui, depuis seize ans, poursuivait l'application d'une idée juste et féconde, et était en réalité l'auteur d'une grande invention.

Il l'avait fait connaître, en 1798, à l'Institut nouvellement fondé. Le 28 septembre de l'année suivante, il avait pris un brevet d'invention pour un appareil où, en distillant à sec des bûches de bois, il en tirait des gaz inflammables. En les dirigeant par des conduits, il les employait à l'éclairage, tandis que la chaleur du foyer sur lequel se distillait le bois fournissait le chauffage. Ces gaz inflammables étaient formés principalement d'hydrogène et de carbone, mais ils étaient mêlés à de l'oxyde de carbone et à divers produits empyreumatiques. Néanmoins c'était, à l'état impur et grossièrement fabriqué, le *gaz de l'éclairage*. Voilà ce qu'avait tenté de donner à ses concitoyens la victime relevée dans les Champs-Élysées.

Du reste son appareil de chauffage et d'éclairage économique, qu'il appelait *thermolampe*, n'avait pas conquis la faveur du public. L'inventeur avait cependant pris pour bases des idées justes, récemment introduites dans la science. Il avait compris que la distillation du bois lui donnait pour résidus de l'extraction du gaz du charbon et de l'acide acétique dont on pouvait tirer parti. En un mot, il avait entrevu les traits essentiels de l'industrie du gaz d'éclairage, telle qu'elle a fonctionné depuis. Pendant trois ans, il fit de nombreux essais au Havre, où lui fut accordé une partie de la forêt de Rouvray, à la charge d'éclairer au gaz le phare du Havre et de livrer à la marine une quantité déterminée de goudron. Malheureusement Philippe Lebon ne s'était pas préoccupé d'épurer son gaz, de sorte qu'il répandait une odeur fort désagréable. Ce défaut dégoûta complètement le public de ce système d'éclairage. Il fallut renoncer à continuer : Lebon revint à Versailles ouvrir une usine, où il exploitait encore un des produits de la distillation du bois. Il avait d'ailleurs extrait aussi son gaz d'éclairage de la houille. Dès 1799, il avait éclairé par son procédé les appartements et le jardin de l'hôtel Seignelay qu'il habitait à Paris, rue Saint-Dominique. La même cause avait rebuté ceux qui avaient suivi ses expériences. Qu'il vînt de la houille ou du bois, le gaz avait une odeur fétide insupportable. Ainsi Philippe Lebon était aux prises avec une de ces périodes d'insuccès communes dans l'existence des inventeurs. Mais, quoique ruiné et méconnu, il songeait à poursuivre la lutte, lorsque l'accident des Champs-Élysées vint mettre un terme à ses projets. La France fut privée d'une invention dont elle n'avait pas encore compris le mérite. Philippe Lebon était né le 29 mai 1767 à Brachy, près de Joinville (Haute-Marne). Ce fut seulement vingt ans après sa mort que sa mémoire sortit de l'oubli, lorsque l'éclairage au gaz fut importé d'Angleterre en France et s'y naturalisa peu à peu.

§ 2. — LE GAZ EN ANGLETERRE

Dès l'année 1664, un certain docteur Clayton avait reconnu que, dans les mines de houille, il se dégage de certaines fissures un gaz que l'on peut enflammer et qui brûle avec éclat. Pour s'assurer que ce gaz provenait en effet de la houille, il distilla des fragments de ce combustible, et il en vit sortir le même gaz inflammable. Il le nomma *esprit de houille*. Il ne songea à tirer aucun parti de cette observation, et surtout il ne crut pas que l'on pût extraire de ce gaz d'autres substances que le charbon de terre. Les mêmes faits furent plusieurs fois revus par divers observateurs dans les années suivantes. En 1786, un Allemand, nommé Diller, eut même l'idée d'en faire une exhibition publique à Londres, sur un théâtre, et à titre de curiosité scientifique.

Une douzaine d'années plus tard, au moment où Philippe Lebon faisait hautement connaître sa découverte, il existait en Angleterre un contremaître de la manufacture que dirigeaient à Soho, près de Birmingham, James Watt et Boulton. Il se nommait Murdoch, et a illustré son nom par des travaux importants dans la construction des machines à vapeur. Il entreprit d'éclairer le bâtiment principal de l'usine avec l'esprit de houille. On affirme que le retentissement des essais de Philippe Lebon avait ramené les pensées de Murdoch sur ce produit négligé jusque-là. Du reste, le défaut de purification eut ici les mêmes inconvénients. On abandonna ce mode d'éclairage, dont l'odeur incommodait tout le monde. Quelques perfectionnements furent introduits; mais on y renonça de nouveau. Cependant, en 1802, Murdoch émerveilla toute la population de Birmingham, lorsque, pour célébrer la paix d'Amiens, il établit sur la façade de la manufacture une resplendissante illumination au gaz. Ce fut en 1805 que plusieurs usines importantes adoptèrent définitivement ce nouveau procédé d'éclairage.

Peu de temps avant cette époque était venu à Londres l'Allemand Wingler de Znaym, qui n'est aujourd'hui connu que sous le nom de Winsor.

Il avait fait connaître en Allemagne les publications de Ph. Lebon, et, se livrant à des expériences publiques, il avait parcouru Brême, Hambourg, Altona, et venait les répéter à Londres. Là il connut les essais de Murdoch avec le gaz tiré de la houille. Aussitôt il s'aboucha avec lui, et l'aida à établir ses appareils d'éclairage. Il conçut dès lors une grande idée de l'avenir réservé à l'invention nouvelle. Il prit un brevet en Angleterre et s'occupa d'en organiser l'exploitation industrielle. Il avait en vue l'éclairage public des grandes villes.

Alors commence pour Winsor une lutte de douze années, dans laquelle il déploya une ténacité indomptable, une fertilité incroyable de ressources, et, il faut le dire, une audace sans égale pour affirmer ses succès futurs même aux dépens de la vérité. En 1810, il obtint enfin, pour la compagnie qu'il avait fondée, le privilège exclusif de l'éclairage au moyen du gaz. Mais, pendant les six années suivantes, forcée de réaliser de nombreux perfectionnements dans sa nouvelle exploitation, la compagnie ne recueillit aucun bénéfice. Elle obtint enfin de nouveaux privilèges, une extension de son capital, et elle entra dans une période plus heureuse.

Dès 1815, Winsor était venu à Paris pour solliciter un brevet d'importation. Il ne rencontra que préventions fâcheuses parmi le public, et objections malveillantes parmi les savants. Mais il connaissait les difficultés de ce genre : l'Angleterre ne les lui avait pas épargnées. Il lutta, et moins longtemps que chez nos voisins d'outre-Manche. En 1817, pour convaincre le public, il éclaira à titre d'essai le passage des Panoramas. Sa cause fut bientôt gagnée. Les marchands des galeries du Palais-Royal demandèrent, les uns après les autres, l'installation de l'éclairage au gaz; puis il éclaira le palais du Luxembourg et le péristyle du théâtre de l'Odéon. Tels furent à Paris les débuts d'un mode d'éclairage dont on ne songerait à se passer aujourd'hui que pour demander à la lumière électrique un progrès plus grand encore.

§ 3. — La fabrication du gaz

Les procédés par lesquels on se procure le gaz d'éclairage méritent d'être connus; mais il faut d'abord savoir ce qu'est ce gaz. La composition qu'on lui trouve n'est pas toujours la même. Il est principalement formé par un gaz moitié plus léger que l'air, et qu'on appelle *hydrogène bicarboné*. Ce nom signifie qu'il résulte de la combinaison de l'hydrogène avec le carbone. Il est très inflammable. Dès que l'on en approche un corps allumé, il brûle avec une flamme blanche très brillante. Le gaz d'éclairage n'a pas autant d'éclat en brûlant, parce que l'hydrogène bicarboné y est toujours mêlé à certaines proportions de gaz moins éclairants. Malheureusement, pur ou impur, l'hydrogène bicarboné, lorsqu'il est mêlé à l'air, a toujours la propriété de détoner violemment dès qu'on l'enflamme. En outre, on ne peut le respirer sans en être fortement incommodé; la mort peut se produire si on le respire longtemps. L'hydrogène bicarboné a par lui-même une odeur particulière facile à supporter; mais le gaz d'éclairage renferme d'autres produits qui lui donnent une odeur forte et désagréable.

Bien que ce gaz puisse s'obtenir en distillant du bois, des matières grasses, etc., on le tire à peu près exclusivement de la houille ou charbon de terre. On emploie pour cela des cornues en terre réfractaire au feu. Elles ont la forme d'un demi-cylindre, et leurs dimensions atteignent environ 2 mètres $1/2$ de longueur sur $1/2$ mètre de largeur. On les réunit au nombre de trois, cinq ou sept dans un même fourneau (fig. 34 et 35, A). Dans chacune d'elles, on introduit assez de houille pour la remplir à moitié ; car, sous l'action du feu, la houille se gonfle, et le coke qui en sera le résidu aura un volume double. Les cornues chargées sont fer-

Fig. 34. — Vue de face d'une batterie de cinq cornues à distiller la houille pour fabriquer le gaz d'éclairage.

Le fourneau est en E ; il chauffe les cinq cornues AA'A'' placées dans le four C. Le gaz sort et se dégage par les tubes H, qui se recourbent en g pour se rendre dans le barillet G.

mées hermétiquement. De chacune d'elles sort un conduit (fig. 34 et 35, H) qui monte dans un tuyau assez large appelé *barillet* (fig. 34, G), qui est à moitié plein d'eau. Le conduit pénètre dans le barillet et se recourbe en U pour dégager sous l'eau le gaz qu'il amène. Le fourneau est chauffé avec du coke ou du goudron. On élève peu à peu la température jusqu'au rouge cerise vif; cela représente environ 1 000° centigrades. C'est à cette température que l'on maintient le fourneau tout le temps de la distillation.

La houille se décompose et donne quatre sortes de produits : *gaz*,

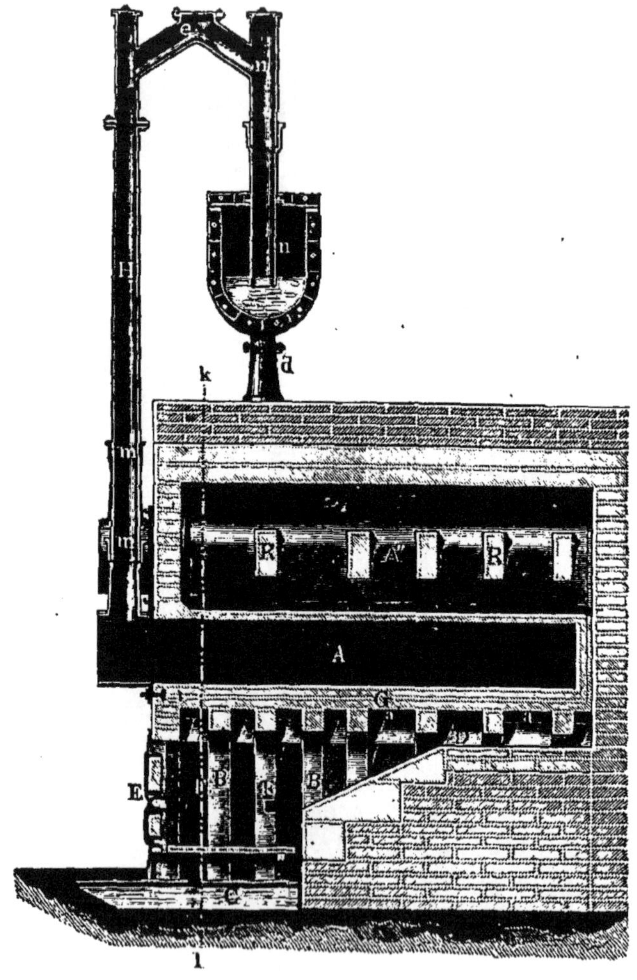

Fig. 35. — Coupe de l'appareil de la figure précédente vu de profil.

Coupe de fourneau en EBF; en A se voit la coupe de la cornue à gaz qui est au milieu de la rangée inférieure, tandis qu'en A″ est une cornue de la rangée supérieure. En H est une coupe du tube de dégagement qui se recourbe en *e*, et va en *n* aboutir dans le barillet dont on voit la coupe.

eaux ammoniacales, *goudron* et *coke*. Les quantités relatives de ces quatre produits varient selon la nature des houilles que l'on emploie. Le coke reste dans les cornues; les autres produits passent avec le gaz. Il en résulte qu'en sortant de la cornue, le gaz est mêlé à d'autres substances qui le rendent fétide à l'odorat, irritant pour nos organes, et très peu éclairant. J'ai dit plus haut que cet état impur avait été une des plus grandes difficultés pour les premiers promoteurs de l'éclairage au gaz. Il a fallu, pendant que Winsor luttait contre les préventions du public, triompher, par d'heureux perfectionnements, des défauts du produit. Cette tâche a surtout été remplie par l'ingénieur Clegg, qui, de 1808 à 1815, a résolu peu à peu les problèmes essentiels de cette fabrication.

L'épuration du gaz comprend une double série d'opérations ; celles de la première série sont d'une nature purement physique ; les autres sont des réactions chimiques.

D'abord l'eau du barillet fait subir au gaz un premier lavage qui retient beaucoup de goudron et d'eaux ammoniacales. A sa sortie du barillet, le gaz s'engage dans une série de tubes qui constituent le *jeu d'orgue*. Là s'effectue un second lavage dans un réservoir d'eau placé à la partie inférieure du jeu d'orgue. Le gaz abandonne ainsi une autre portion de goudron et d'eaux ammoniacales. Ensuite le gaz traverse un cylindre rempli de coke et divisé en deux compartiments verticaux. C'est ce qu'on appelle le *scrubber* (laveur).

Ainsi s'exécute l'épuration physique. Viennent ensuite les épurateurs gradués, où le gaz passe sur des lits de chaux éteinte. Du reste, les procédés d'épuration chimique varient quelque peu suivant les usines.

Lorsque le gaz est épuré, un conduit le reprend et le mène sous le *gazomètre*. Celui-ci est un vaste réservoir où le gaz se recueille. C'est une immense cuve en tôle bituminée, qui est placée, le fond en haut, sur un bassin creusé dans le sol et rempli d'eau. Quand la cuve ou cloche du gazomètre ne contient presque plus de gaz, c'est l'eau du bassin qui la remplit ; mais lorsque les conduits y amènent le gaz abondamment, celui-ci s'accumule sous la cloche, la soulève et repousse peu à peu l'eau dans le bassin. C'est du gazomètre que partent les tuyaux de distribution, c'est-à-dire ceux qui mènent le gaz dans les locaux où il doit être consommé pour l'éclairage.

Les tuyaux de distribution se terminent par des *becs* ou *brûleurs*, dont la forme est assez variée. Mais, avant de se rendre aux brûleurs, le gaz traverse un appareil inventé par Clegg, qui sert à compter et à marquer sur un cadran les volumes de gaz qui passent pour être brûlés. C'est ce qu'on appelle le *compteur* du gaz.

Cette fabrication industrielle offre ce caractère curieux que tous les produits de la distillation de la houille ont leurs usages, et par conséquent leur valeur : le gaz est une matière éclairante ; le coke est un combustible précieux ; les eaux ammoniacales contiennent plusieurs produits que l'on sépare, et qui servent à certaines opérations industrielles. Enfin le goudron de houille est l'origine d'une foule de produits du plus haut intérêt, parmi lesquels il suffit de citer la créosote, la benzine, l'acide phénique, et l'aniline, d'où l'on tire toute une série de couleurs aussi brillantes que variées.

Il est utile de dire que 100 kilog. de houille fournissent à peu près 75 kilog. de coke. Le rendement en gaz est plus variable. La houille anglaise de Newcastle donne de 30 à 34 mètres cubes par 100 kilog.; la houille anglaise ordinaire, 21; la houille dure de Mons, 20 à 26; la houille de Saint-Étienne, 20 à 27. Quant au goudron, dans les usines françaises, on en recueille de 4 à 4 1/2 pour 100.

Pour apprécier la valeur du bienfait dont il faut savoir gré aux inventeurs de l'éclairage au gaz, il faut comparer le prix de revient du gaz, de la bougie et des lampes à huile. Péclet, en 1827, a établi exactement cette comparaison. Il a trouvé que, pour donner la même quantité de lumière, la lampe Carcel (brûlant de l'huile) coûte près de 6 centimes par heure; la bougie stéarique, 37 centimes; et un bec de gaz, moins de 4 centimes. Mais, depuis 1827, le prix du gaz a énormément diminué, tandis que ceux de l'huile et de la bougie ont moins varié. Il faudrait aujourd'hui coter le bec de gaz à 1 centime 1/2. Il est vrai que, depuis cette époque, la bougie a diminué de telle façon, qu'il ne faudrait plus dire 37, mais bien 16 centimes par heure.

CHAPITRE VIII

LES BATEAUX A VAPEUR

§ 1. — VOGUER CONTRE VENTS ET MARÉE

Lorsqu'on regarde un bateau descendre le cours d'une rivière, rien n'est plus agréable à voir que ce mouvement doux et spontané. Emporté par le mouvement de l'eau, il glisse, sans que les hommes qui le montent aient d'autre peine à prendre que de le diriger, lorsqu'ils lui font éviter un obstacle. Mais si vous avez l'occasion de voir ce même bateau revenir à contre-courant, c'est un tout autre spectacle : les bateliers sont à leurs bancs et manient la rame avec une énergique régularité. Si cependant l'embarcation est pourvue de voiles, et que le vent souffle d'aval en amont, le travail peut être épargné aux rameurs; le souffle du vent peut suffire à faire remonter le courant. La mer présente aussi des alternatives de ce genre. Souvent on y rencontre des courants : heureux ceux dont ils favorisent la marche. Heureux aussi les navires qui, pour suivre leur route, ont un vent favorable. Mais que de fois il faut fuir les passes où se précipite un courant marin qui pousserait les navigateurs loin de leur route ou sur de dangereux écueils! Que de fois, durant une traversée, des changements de vent viennent contrarier les marins! Dans certains parages, le calme même des eaux et des vents devient un fléau redoutable; le navire dort immobile sur une mer que ne ride aucun vent et qu'aucun courant n'agite. Les canots, les petites embarcations s'en tirent au moyen des rames. Ce concours d'appareils moteurs prenant pour point d'appui l'eau elle-même est tellement nécessaire, que pendant bien des siècles on a tenu à l'assurer aux grandes embarcations. Chez les anciens, les navires de tous rangs étaient pourvus de rameurs. Un équipage comprenait alors tout un personnel d'esclaves, de prisonniers de guerre ou de condamnés juridiques, astreints à ramer sur les navires de guerre ou de commerce. Les marines du moyen âge et des temps modernes subirent les mêmes nécessités. Au temps des guerres maritimes du xvii⁰ siècle, on voit les souverains préoccupés de fournir suffisamment leurs galères de ces malheureux rameurs. Leur pénible métier se résume encore, dans les souvenirs des peuples, par le mot de *galériens*. Sans doute ces malheureux étaient souvent des malfaiteurs expiant leurs crimes; mais souvent aussi c'étaient de simples captifs victimes des vicissitudes de la guerre. Il y a plus : sous l'aiguillon de la nécessité, on a vu même de grands ministres exciter les juges à multiplier leurs sentences rigoureuses, afin d'assurer le recrutement des galères du roi.

Ainsi, de tout temps, sans négliger le concours des vents ni celui des courants, les navigateurs ont désiré se mouvoir au besoin par un mécanisme s'appuyant sur la résistance de l'eau. Les traditions des anciens rapportent qu'un général romain transporta ses troupes en Sicile sur des bateaux pourvus de roues à palettes que des bœufs faisaient tourner. Rien d'étonnant à cela. Les roues à palettes furent plusieurs fois mises en usage au moyen âge, et, au xvi⁰ siècle, plus d'un auteur parle de leur emploi.

§ 2. — LA NAVIGATION A VAPEUR

Aussi, dès que les découvertes relatives à la pression de l'air et aux moyens de faire le vide commencèrent à stimuler le génie des inventeurs, dès qu'ils entrevirent comme possible la création de machines d'une grande puissance, leur pensée se porta vers les besoins de la navigation. Lorsqu'en 1690 Denis Papin proposa à ses contemporains la première idée de la machine à vapeur des temps modernes, un des premiers usages qu'il lui assigne, c'est de servir à naviguer contre le vent. Lorsque, mal compris et bafoué par les hommes de son temps, il revient, en 1707, à une machine beaucoup inférieure, c'est pour l'appliquer à la propulsion d'un bateau qu'il essaye de conduire, par voie fluviale, vers la mer du Nord et jusqu'à Londres. On se rappelle quel vulgaire et tragique événement détruisit machine et bateau sur la rive de Münden.

La même idée tenta plus d'un inventeur. Mais, jusqu'au temps de James Watt, telle était l'imperfection des machines de Savery, de Newcomen et Cawley, qu'aucune idée de ce genre ne put être réalisée.

En 1737, un Anglais, nommé Jonathan Hulls, publia dans un mémoire la description d'un bateau à vapeur qui serait propre à remorquer les navires pour les faire sortir des ports et les y faire entrer. Mais tout se borna au projet. On assure qu'il fit, avec un petit modèle, un essai qui ne réussit pas. On ne manqua pas de le traiter de fou et de le chansonner à outrance.

Lorsque, en 1752, l'Académie des sciences de Paris proposa comme question de concours : *Des moyens de suppléer à l'action des vents pour la marche des vaisseaux*, plusieurs savants distingués présentèrent des mémoires, et tous mentionnèrent qu'une machine à vapeur pouvait être adaptée dans ce but au vaisseau dont ils donnaient le modèle. L'un de ceux qui envisagèrent cette idée avec le plus de sagacité fut l'abbé Gauthier, chanoine de Nancy. Quant à Daniel Bernoulli, qui eut le prix, il ne dissimule pas que la machine de Newcomen n'offrira pas d'avantages spéciaux pour être appliquée à la navigation.

Mais, vers 1770, la machine à vapeur s'était transformée, grâce au génie de Watt. Alors sa supériorité s'établit rapidement en ce qui concerne les besoins de la navigation.

§ 3. — LE MARQUIS DE JOUFFROY

Dès 1760, un mécanicien de Lancaster, en Pensylvanie, étant
venu en Angleterre, rendit visite à l'atelier de Watt. Vivement
frappé de ce qu'il avait vu, il s'étudia, lorsqu'il fut de retour dans
son pays, à construire une machine à vapeur; puis il l'installa
dans un bateau muni de roues à palettes, et essaya de naviguer sur
une rivière voisine. Ce mécanicien s'appelait William Henry, et sa
tentative eut lieu le 10 décembre 1772. Ce fut un insuccès complet,
et même le bateau coula à fond. Henry essaya, dans les années suivantes, d'en construire un autre; puis il se défia de l'opinion publique, et, bien que persuadé de l'avenir réservé à cette idée, il
cessa de s'en occuper.

Vers la même époque se faisait en France une expérience plus
heureuse, mais à laquelle son auteur ne parvint pas à donner
suite. Peu de temps après l'année 1770, les frères Périer avaient
acheté à Birmingham une machine de Watt et l'avaient installée à
Paris, dans leurs ateliers de Chaillot, pour le service de leur pompe
à feu. A cette époque se trouvait à Paris un jeune gentilhomme
originaire de Baume-les-Dames, et âgé de vingt-deux ou vingt-
trois ans. Il se nommait le marquis de Jouffroy. Il alla étudier dans
tous ses détails et voir fonctionner la machine de la pompe à feu.
Il demeura convaincu qu'une telle machine à vapeur conviendrait
parfaitement pour mettre en mouvement un bateau. Depuis quelque
temps il était en rapport avec un comte d'Auxiron, qui s'occupait
aussi de la navigation à vapeur. Le ministre Bertin s'intéressait à
ses projets. Le 21 mai 1772, ils constituèrent une société avec trois
autres gentilshommes, et le lendemain le roi concéda à d'Auxiron,
pour quinze années, le monopole de la navigation à vapeur sur les
rivières de France. Mais un essai tenté en septembre 1774 échoua.
Il en résulta des discordes dans la société et une période d'impuissance. Le marquis de Ducrest, membre de l'Académie des sciences,
et Constantin Périer, essayèrent de s'entendre pour de nouveaux
essais avec d'Auxiron et de Jouffroy. Ils ne purent tomber d'accord
sur les conditions d'une nouvelle tentative. D'Auxiron mourut sur
ces entrefaites. Un bateau où Périer avait installé une machine à
vapeur échoua complètement dans une expérience faite sur la Seine,
en 1774. La société renonça à l'entreprise.

Cependant le marquis de Jouffroy, qui avait prédit l'échec de
Constantin Périer, retourna en Franche-Comté. Il emportait avec
lui tous les plans de d'Auxiron. Il voulait réaliser dans sa ville na-

tale les projets qui n'avaient pu être exécutés à Paris. En effet, il fit construire une machine à vapeur et un bateau pour la recevoir. Celui-ci avait 12 mètres 60 de long et 2 mètres de large. La machine qu'il contenait mettait en mouvement un système de rames articulées qui se déployaient pour pousser l'embarcation, et se refermaient lorsqu'on les ramenait vers l'avant. C'était une sorte d'imitation des mouvements des pattes de canard, et on l'appelait *système palmipède*. Ce petit bateau, le premier bateau à vapeur qu'un homme eût fait flotter sur une rivière, navigua sur le Doubs en juin et juillet 1776. Jouffroy ne fut pas satisfait du jeu des rames articulées, et il revint aux roues à palettes ou à aubes. Ce mécanisme était connu depuis bien longtemps; Jouffroy n'eut à imaginer que les moyens de le faire marcher à l'aide d'une machine de Watt à simple effet.

Sa nouvelle machine fut construite à Lyon, dans les ateliers de MM. Frère-Jean. Le bateau qui la reçut était long de 46 mètres sur 5 de large; sur chaque côté de sa partie moyenne était une roue à aubes de 4 mètres 70. C'était une embarcation fort analogue à beaucoup des bateaux à vapeur qui naviguent aujourd'hui sur nos fleuves de France. Après avoir essayé son bateau sur la Saône, il prépara une épreuve publique pour le 15 juillet 1783. Cette épreuve eut lieu en présence, dit-on, de dix mille spectateurs. Elle eut un plein succès. Le marquis de Jouffroy crut avoir obtenu un véritable triomphe; mais son bateau n'était plus en état de fonctionner, et l'inventeur avait épuisé ses ressources. Il songea à former une compagnie financière qui l'aidât à poursuivre ses expériences. Celle-ci exigea la concession d'un privilège de trente ans. Jouffroy demanda cette faveur au roi; mais l'intermédiaire obligé fut le ministre de Calonne. Ignorant en pareille matière et peu soucieux de s'éclairer par lui-même, il demanda l'avis de l'Académie des sciences. Cette compagnie savante chargea cinq de ses membres d'examiner la question. L'un des commissaires était Constantin Périer, celui qui avait si complètement échoué en 1774. Il ne voulut pas croire au succès de l'épreuve publique exécutée à Lyon, et la commission conclut à une nouvelle épreuve. On exigeait, avant d'accorder le privilège, que le marquis de Jouffroy fît marcher sur la Seine un bateau du port de 300 milliers. La lettre du ministre qui annonçait cette décision renversa toutes les espérances du pauvre inventeur. Il n'avait plus les moyens de faire à ses frais les expériences qu'on demandait, et l'on ne voulait lui fournir de nouvelles ressources qu'à cette condition. Il renonça à poursuivre la lutte. Alors les quolibets tombèrent sur lui de toute part, et jusque dans sa province, où on lui donna le surnom de

Jouffroy la Pompe. Cela se passait en 1784. Cinq ans plus tard s'ouvraient les états généraux ; en 1790, le marquis de Jouffroy émigrait pour servir dans l'armée de Condé. Il ne rentra en France qu'en 1815. Revenant à ses travaux de trente-deux ans auparavant, il prit un brevet et construisit un bateau à vapeur d'un nouveau modèle. La société qui avait fourni les fonds ne prospéra pas, et l'inventeur des bateaux à vapeur alla mourir pauvre, en 1832, à l'hôtel des Invalides de Paris. « C'est ainsi, dit un écrivain américain, historien de la machine à vapeur, que la France laissa échapper une occasion de gloire qu'elle tenait presque dans sa main, comme, au temps de Papin, elle avait déjà perdu l'honneur de présider à la naissance de la machine à vapeur. »

Nous allons voir que, sur l'autre bord de l'Atlantique, des projets du même genre devaient aboutir à des succès définitifs.

§ 4. — Robert Fulton et ses précurseurs

A la veille d'une révolution terrible, la France avait laissé tomber le marquis de Jouffroy, incompris et tourné en ridicule. Les hommes nouveaux que les troubles du temps amenaient au pouvoir étaient peu disposés à tendre la main à un émigré armé contre son pays. En Amérique, les choses se présentaient tout autrement. Une jeune république, toute frémissante encore de sa lutte pour l'indépendance, prête à envahir par la colonisation un territoire immense, s'intéressait avant tout à un moyen de transport qui créait des débouchés commerciaux dans chacune de ses nombreuses vallées, et qui tendait, par sa rapidité, à abréger le cours de ses longues voies navigables. On peut dire qu'aux États-Unis, depuis William Henry, le problème de la navigation à vapeur ne cessa pas d'être à l'étude.

Les ateliers de cet ingénieur étaient alors fréquentés par John Fitch, que tourmentaient sans cesse des préoccupations de ce genre. En même temps venait leur rendre visite un garçon de douze ans, alors adonné aux arts et surtout à la peinture, mais qui devait plus tard attacher son nom d'une façon impérissable à la solution du même problème. C'était Robert Fulton. En attendant, John Fitch, associé à James Rumsey, se livrait à de nombreuses expériences. Ce dernier, en 1786, avait fait marcher un bateau à vapeur sur le Potomac, avec une vitesse de quatre milles à l'heure ; mais la disposition donnée à l'appareil propulseur ne valait rien et dut être abandonnée. John Fitch avait, en 1785, présenté un modèle qui avait inspiré assez de confiance pour que des capitalistes vinssent à son secours. Un bateau fût construit en 1787, et

une épreuve publique eut lieu à Philadelphie. Elle paraît avoir
assez bien réussi. Mais une vive discussion éclata entre les deux
associés : ils se disputaient l'un à l'autre le titre d'inventeur.
Rumsey mourut tout à coup, en 1793. Fitch continua, non sans
quelque succès, ses essais de navigation sur la Delaware.

Cependant, en Écosse, la même question donnait lieu à des essais
intéressants. Ils étaient dus à un gentilhomme anglais nommé
Patrick Miller, à James Taylor et à un ingénieur, William Symmington. De 1786 à 1789, leurs tentatives réussirent peu, et Miller
cessa de s'occuper de la question. Taylor et Symmington, après de
longs tâtonnements, parvinrent, vers 1801, à de meilleurs résultats.

Enfin nous arrivons à Robert Fulton. Cet homme célèbre naquit
en 1765 à Little-Britain, comté de Lancaster, en Pensylvanie. Vers
1793, abandonnant la peinture, il se fit ingénieur civil. Quatre ans
après, il vint à Paris, et attira sur lui l'attention par des essais sur
les torpilles sous-marines et sur les bateaux-torpilles. Déjà, en
Angleterre, il avait donné quelque attention au problème des bateaux
à vapeur. Mais en 1801 il s'y livra tout entier. Il était soutenu
par son compatriote Robert Livingston, alors représentant des
États-Unis auprès de la république française. Celui-ci, depuis
quatre années, s'occupait de la navigation à vapeur, et, s'il n'avait
point encore rencontré le succès, il y croyait fermement. Il entre-
tint Robert Fulton de ses échecs passés et des espérances qu'il
nourrissait pour l'avenir. En étudiant lui-même ce qui avait été
fait jusque-là, Fulton attribua tous les mécomptes de ses prédécesseurs aux vices des appareils propulseurs, c'est-à-dire de ceux qui
agissent sur l'eau pour faire avancer le navire. Il soumit à une
étude minutieuse et à des calculs rigoureux les systèmes qu'il
accusait, et, par des expériences méthodiques, il prit une idée
juste de leur valeur. C'est d'après ces données vraiment scientifiques qu'il dirigea la construction d'un modèle de bateau auquel
il avait résolu d'appliquer comme propulseur des roues latérales.
Le bateau fut terminé au printemps de 1803. Malheureusement,
lorsqu'on voulut y placer la machine à vapeur, la coque s'effondra,
et l'embarcation coula au fond de la Seine. Tout fut réparé au mois
de juillet. Le bateau avait 22 mètres de long sur 2 mètres 65 de
large. « Le 9 août 1803, ce bateau largua ses amarres et remonta
la Seine en présence d'un immense concours de spectateurs. Une
commission de l'Académie, composée de Bougainville, Bossut,
Carnot et Périer, était présente pour assister à l'expérience. Le
bateau marcha lentement, faisant seulement de 3 à 4 milles à
l'heure contre le courant; mais c'était en somme un grand succès. »
(THURSTON, *Histoire de la machine à vapeur.*)

Ce succès fut, en effet, constaté dans les journaux scientifiques de l'époque. Le public, alors préoccupé des brillants succès militaires du premier consul Bonaparte, fut assez indifférent. Quant au premier consul, un moment séduit par l'avenir qu'on pouvait rêver pour une telle invention, son esprit, pressé par de grands desseins, se dégoûta bientôt d'expériences coûteuses et sans application immédiate. Sans doute il n'eût pas si facilement détourné les yeux, s'il avait pu voir dans un avenir prochain les bateaux à vapeur naviguant sur les mers. Mais Fulton lui-même, à cette époque, n'avait pas la pensée que la navigation sur mer pût être entreprise dans ces conditions. D'ailleurs, il faut ajouter que l'inventeur se résignait facilement à ne pas enrichir la France du produit de ses travaux. Sa grande préoccupation était pour l'Amérique. Il se voyait déjà sillonnant les longs cours d'eau de son pays natal et créant des voies de communication économiques sur ce vaste territoire. Immédiatement il s'adressa à la législature de l'État de New-York. Celle-ci étendit à Fulton la concession faite à Livingston en 1797. Le privilège exclusif de naviguer à la vapeur sur toutes les eaux de cet État leur fut concédé pour vingt ans.

Mais à ce moment les travaux de Fulton sur les torpilles et les bateaux-torpilles causaient une inquiétude extrême au gouvernement anglais, et il se produisit un bien singulier malentendu entre l'inventeur américain et l'agent que l'Angleterre lui avait adressé pour l'attirer sur son propre sol. Tandis que les ministres anglais ne songeaient qu'à se faire une opinion sur ses engins destructeurs sous-marins, Fulton crut entrevoir en Angleterre un succès rapide pour son bateau à vapeur. Il partit pour Londres, et ce fut plusieurs mois après qu'il reconnut sa méprise. Il se prêta à des expériences de torpilles tentées à bord d'un navire anglais devant la rade de Boulogne. Elles réussirent assez bien pour qu'on lui offrît d'acheter son secret, afin qu'il n'en fût plus question. Fulton refusa net, ne voulant pas anéantir une découverte qui pouvait être utile un jour à sa patrie.

D'ailleurs Fulton ne cessait de penser à la navigation à vapeur. Symmington avait continué les travaux entrepris dans l'origine avec Miller et Taylor. Avec le secours de lord Dundas, il était arrivé à construire un bateau, *la Charlotte-Dundas*, pourvu d'une machine à vapeur beaucoup mieux disposée pour la navigation que celles dont on s'était servi jusque-là. Au mois de mars 1802, un essai très satisfaisant avait été fait sur la Clyde, entre Dundas et Glasgow; mais, au moment où le succès semblait assuré, les moyens d'en profiter s'évanouirent, et Symmington, sans ressources, dut abandonner ses travaux. Cependant Robert Fulton était, dès 1801, entré en relations avec lui et avait pu connaître les dispositions qu'il avait adoptées. En tout cas, Fulton surveillait lui-même la construction d'une machine dans les ateliers de Boulton et Watt. Elle fut terminée en octobre 1806; aussitôt il partit pour l'Amérique, et le 13 décembre il arrivait à New-York. La machine à vapeur faite en Angleterre arrivait en même temps que lui.

§ 5. — Les bateaux a vapeur en Amérique

Dès son retour, Fulton, associé à Livingston, fit construire à New-York un bateau de 150 tonneaux, long de 50 mètres et large de 5. Il y fit installer la machine venue d'Europe, qui était à double effet et à condenseur. Elle avait une force de 18 chevaux. Le balancier de la machine faisait tourner l'axe commun de deux roues à aubes placées l'une à gauche, l'autre à droite sur les flancs du bateau. La population de New-York était peu sympathique à une entreprise qu'elle croyait sans avenir. Le 10 août 1807, le bateau sortit terminé des chantiers de construction. On l'avait baptisé *le Clermont*, en l'honneur de Livingston, qui possédait une maison de campagne de ce nom sur les bords de la rivière l'Hudson. Le lendemain était fixé pour un essai public. A l'heure dite, le bateau fut lancé sur la rivière de l'Est. La foule vit bientôt apparaître Robert Fulton sur le pont du bateau; elle l'accueillit par des rires et des huées. On appelait son bateau la *Folie-Fulton*. Plus d'un se félicitait de n'avoir pas engagé un dollar dans une si folle entreprise; tous se réjouissaient de l'échec qui allait couvrir de confusion deux fous obstinés. Cependant on donne le signal du départ : le *Clermont*, mû par une force mystérieuse, se détache du quai, fend les eaux et accélère sa course en fuyant loin de la multitude stupéfaite. Les plaisanteries grossières, les stupides invectives se turent en quelques instants. Puis la foule, un moment hésitante, éclata en applaudissements enthousiastes et en acclamations répétées. Peut-être à ce moment Fulton éprouva-t-il un instant de légitime enivrement; mais ce ne fut qu'un éclair. Son œil exercé et sagace examinait les allures de son bateau, pour constater les défauts et reconnaître les moyens d'y remédier. En peu de jours le *Clermont*, considérablement amélioré, parut en état d'effectuer une navigation suivie.

Alors il fit annoncer que le lendemain le *Clermont* ferait le voyage de New-York à Albany, et qu'il recevrait des passagers. La distance d'une ville à l'autre est de 240 kilomètres, et toutes deux sont sur les bords de l'Hudson. Malgré la vive émotion qu'avait soulevée l'annonce de ce voyage, il ne se trouva personne qui voulût en courir les chances. Fulton partit seul avec les quelques hommes nécessaires pour le service du bâtiment. Sur sa route se trouvait la maison de campagne de Livingston dont le bateau portait le nom. Le départ de New-York avait eu lieu le lundi à une heure de l'après-midi. Le mardi, précisément à la même heure, le bateau relâchait devant cette propriété. Il en repartit le mercredi à neuf heures du matin, et il arriva à Albany le même jour à cinq heures du soir.

Les journaux du temps ont conservé le souvenir de l'étonnement et des craintes que répandit sur les bords du fleuve le bateau à feu passant au milieu des ténèbres, dans la nuit du lundi au mardi. La cheminée vomissait une fumée abondante dont la rouge lueur s'élevait à plusieurs pieds dans les airs. Ceux qui passaient auprès de ce bateau infernal entendaient avec stupeur le choc régulier du piston de la machine et le bruit des roues qui frappaient l'eau avec une précipitation incessante. L'ignorance leur inspirait les plus folles terreurs. Ce qui les augmentait encore, c'était de voir le bateau à feu marcher contre le vent et la marée sans que rien parût le mouvoir.

Au retour eut lieu un épisode touchant dont il faut emprunter le récit à M. Louis Figuier (*Principales Découvertes scientifiques modernes*).

« Nous avons dit qu'aucun passager n'avait osé accompagner Fulton dans son voyage de New-York à Albany. Il s'en présenta un pour le retour : c'était un habitant de New-York. Il osa tenter l'aventure, et eut le courage de revenir chez lui sur le *Clermont*, qui allait redescendre le fleuve.

« On raconte qu'étant entré dans le bateau pour y régler le prix de son passage, l'habitant de New-York n'y trouva qu'un homme occupé à écrire dans la cabine : c'était Fulton. « N'allez-vous pas, lui dit-il, redescendre à New-York avec votre bateau ? — Oui, répondit Fulton, je vais essayer d'y parvenir. — Pouvez-vous me donner passage à votre bord ? — Assurément, si vous êtes décidé à courir les mêmes chances que nous. » L'habitant de New-York demanda alors le prix du passage, et six dollars furent comptés pour ce prix.

« Fulton demeurait immobile et silencieux, contemplant, comme absorbé dans ses pensées, l'argent déposé dans sa main. Le passager craignant d'avoir commis quelque méprise : « Mais n'est-ce pas là ce que vous m'avez demandé ? » A ces mots, Fulton, sortant de sa rêverie, porta ses regards sur l'étranger et laissa voir une grosse larme roulant dans ses yeux : « Excusez-moi, dit-il d'une voix altérée, je songeais que ces six dollars sont le premier salaire qu'aient encore obtenus mes longs travaux sur la navigation à vapeur. Je voudrais bien, ajouta-t-il en prenant la main du passager, consacrer le souvenir de ce moment en vous priant de partager avec moi une bouteille de vin, mais je suis trop pauvre pour vous l'offrir. J'espère cependant être en état de me dédommager la première fois que nous nous rencontrerons. » Ils se rencontrèrent, en effet, quatre ans après, et cette fois le vin ne manqua pas pour célébrer un touchant souvenir. »

Le *Clermont* effectua son retour en trente heures ; il en avait mis trente-deux à remonter l'Hudson jusqu'à Albany. C'était une vitesse moyenne de cinq milles à l'heure (sept ou huit kilomètres), et le bateau n'avait marché qu'à la vapeur, sans se servir des voiles dont il était muni ; il avait eu le vent constamment contraire. C'était là ce qui constituait surtout le succès de l'expérience, car le Congrès, en accordant le privilège de vingt années, avait stipulé que le nouveau bateau ferait preuve d'une vitesse d'au moins quatre milles (environ six kilomètres) à l'heure. La condition exigée était remplie et au delà.

Depuis lors le *Clermont* fit un service régulier de New-York à Albany. Bientôt il fut trop petit pour recevoir l'affluence des passagers. Au bout de six mois on dut le rallonger de plusieurs mètres. Telle fut la malignité jalouse des mariniers de l'Hudson, qu'il fallut une loi spéciale pour protéger le nouveau bateau à vapeur contre les chocs par lesquels les bâtiments à voiles cherchaient à le couler bas en passant près de lui. Mais en 1809 le gouvernement des États-Unis accorda à Fulton un brevet qui lui assurait le privilège d'exploiter seul ses procédés de navigation à vapeur. Il construisit dès lors des bateaux de plus fort tonnage, et en 1812 il établit deux bateaux-bacs à vapeur, en vue d'effectuer la traversée de l'Hudson et de la rivière de l'Est à New-York. Ces bacs pouvaient porter à la fois huit voitures, trente chevaux et trois à quatre cents personnes. Le trajet, de un mille et demi, se faisait en quinze minutes.

La guerre de 1812 stimula de nouveau le génie de Fulton. Il s'ingénia pour armer sa patrie de navires de guerre mus par la vapeur, capables de porter une artillerie puissante et de marcher à raison de quatre milles (six kilomètres et demi) à l'heure. Cette entreprise hardie fut réalisée en 1814. Commencé le 20 juin, le *Fulton Ier* fut lancé à la mer le 20 octobre suivant. Il reçut sa machine en mai 1815, et au mois de juillet il fit son voyage d'essai de New-York à Sandy-Hook et retour. C'était cinquante-trois milles (quatre-vingt-cinq kilomètres) que le nouveau navire parcourut en huit heures vingt minutes. Au mois de septembre il était complètement équipé et armé de son artillerie. Tel fut le premier bateau marin à vapeur. C'était un dernier triomphe de Robert Fulton. Il n'était pas destiné à en jouir. En janvier 1815, il avait contracté, par un temps rigoureux, une maladie de poitrine, dont il mourut le 24 février suivant. Il n'avait que cinquante ans.

Voici comment un auteur américain apprécie lui-même le rôle de Robert Fulton. « S'il n'est pas, à proprement parler, un inventeur, il fut au moins l'un des plus capables, des plus persévérants et des plus heureux parmi ceux qui ont bien mérité de l'humanité, en lui assurant la possession pratique d'inventions déjà faites. C'était un ingénieur intelligent, un industriel entreprenant. Son habileté, sa pénétration d'esprit et l'énergie de sa volonté ont enrichi le monde des fruits dus aux génies qui l'ont précédé. C'est ainsi qu'il s'est acquis une renommée qui doit lui survivre. »

§ 6. — LES RIVAUX ET LES SUCCESSEURS DE FULTON

Pendant que Robert Fulton poursuivait en Europe l'application de la vapeur à la navigation, plusieurs de ses concitoyens recherchaient en Amérique l'honneur d'une telle conquête. Il convient de mentionner parmi ces rivaux le colonel John Stevens et son fils Robert. Le premier, dès 1804, avait construit un bateau à vapeur de vingt-deux mètres de longueur. La chaudière était sur le modèle de celles que l'on désigne aujourd'hui sous le nom de chaudières avec tubes à eau. De plus la bielle du piston agissait sur un axe ou arbre de couche qui faisait mouvoir, non pas une roue à palettes, mais une hélice à quatre branches. L'année suivante, il en construisit un autre avec une plus grande chaudière et deux hélices couplées, également placées à l'arrière. En 1807, quelque temps après la célèbre expérience de Fulton, John et Robert Stevens firent l'essai d'un bâtiment à vapeur appelé *le Phénix*. Ainsi il s'en fallut de bien peu que Fulton ne fût devancé. Tel était dans cette voie le zèle des ingénieurs, qu'en peu d'années le nombre des lignes de *steamers* (bateaux à vapeur) se multiplia d'une façon singulière. Il y avait, en 1830, quatre-vingt-six steamers sur l'Hudson et le détroit de Long-Island. Nicolas Roosvelt avait, en 1811, inauguré la navigation à vapeur dans les eaux du bas Mississipi. En 1840, un millier de steamers sillonnaient le grand fleuve ou ses affluents. En 1816 parut sur les grands lacs l'*Ontario* le premier des bateaux à vapeur qui, depuis cette époque, n'ont cessé de naviguer sur ces mers intérieures qu'on nomme l'Ontario, l'Érié, le lac Huron et le lac Michigan.

Bientôt la navigation à vapeur envahit aussi les océans. On commença, en 1808, à construire des bateaux à vapeur capables d'affronter les hasards d'une longue navigation. Le steamer américain *Savannah* fit, en 1819, la première traversée de l'Atlantique. Il partit du port de Savannah (Géorgie) le 26 mai et arriva le 22 juin à Liverpool. Durant ce long voyage, on eut recours aux machines pendant dix-huit jours. Le reste du trajet se fit à la voile. Le 23 juin, le *Savannah* repartit de Liverpool pour Copenhague, Stockholm et Saint-Pétersbourg. Enfin, de retour dans l'Atlantique, il passa le 9 décembre devant New-York pour rentrer au port de départ. Il est intéressant de jeter un coup d'œil sur ce qui se faisait en Europe pendant la même période.

L'honneur d'avoir établi le premier service régulier de transport des voyageurs sur bateau à vapeur revient à l'Écossais Henry Bell. Son bateau s'appelait *la Comète;* il fut lancé sur la Clyde (Écosse) le 18 juin 1812. C'était un petit bâtiment de 30 tonneaux; il reproduisait les principales dispositions du fameux steamer américain *le Clermont*. En 1815, il mit à l'eau un bateau trois fois plus grand, *le Rob-Roy*. Celui-ci fut employé à faire la traversée de la Clyde à Belfast (Irlande). Puis s'établit en Angleterre une première ligne de bateaux à vapeur pour la traversée du canal de Saint-Georges, entre Holyhead (pays de Galles) et Dublin. Enfin, en 1818, Dawson établit un paquebot à vapeur sur la Tamise, entre Londres et Gravesend.

La France ne pouvait entrer dans cette voie de progrès que lorsque la fin de ses longues guerres lui aurait rendu ses relations avec les peuples voisins et sa liberté d'action. Nous avons vu que, dès 1816, le marquis de Jouffroy avait lancé sur la Seine un bateau à vapeur, *le Charles-Philippe,* mais que son entreprise n'avait pas prospéré. Une compagnie rivale chargea le capitaine de marine Andriel d'aller acheter à Londres un des bateaux à vapeur qu'on commençait à essayer sur la Tamise. Ce n'étaient encore que de pauvres bateaux de fort petit modèle, et dans tout le port de Londres il n'y en avait que trois. Andriel en acheta un qui s'appelait *le Margery,* et auquel il donna le nouveau nom d'*Élise*. Il avait 16 mètres de longueur. Il fallait le ramener à Paris. Andriel partit du port de Londres avec dix hommes d'équipage, le 9 mars 1816 à midi, et à trois heures il s'arrêtait à Gravesend, non loin de l'embouchure de la Tamise. Il repartit le lendemain, et tout d'abord n'échappa qu'à grand'peine aux brutales attaques d'un cutter de la marine anglaise. Sa vitesse supérieure le sauva, et à onze heures du soir l'*Élise* passait devant Douvres. Le petit bâtiment continua sa route vers le Havre; mais, le 11, une rafale de vent du sud-ouest le contraignit de se réfugier dans un petit port de la côte anglaise. Le 15, à cinq heures du matin, l'*Élise* reprit sa route; à midi, nouveau coup de vent du sud qui l'obligea d'aller à Newhaven réparer une avarie de ses roues motrices. Elle reprit la mer presque aussitôt, et vers minuit fondit sur elle une véritable tempête. Les matelots se crurent perdus et voulaient retourner en Angleterre. Malgré une nuit épaisse, une pluie incessante, les vagues, qui à tout moment inondaient le pont du pauvre bateau, Andriel, remarquant que la machine se comportait bien, s'obstina à continuer sa route. Il résista aux plus impérieuses réclamations, et finit par promettre trois bouteilles de rhum à celui qui annoncerait le premier que la France était en vue. A quatre heures quarante-cinq minutes du matin on aperçut un fanal de la côte française. La tempête continuait aussi furieuse, mais le fanal se distinguait nettement. Enfin, à six heures l'*Élise* entrait en rade du Havre. Le bateau-pilote refusa de l'accoster dès qu'il aperçut la fumée qui sortait de la cheminée. Andriel dut franchir la passe et entrer dans le port sans pilote. Mais, malgré l'heure matinale et les fureurs d'un temps exécrable, le pauvre navire à vapeur était attendu. Depuis plusieurs jours on était fort inquiet sur son sort. Les quais étaient couverts d'une foule très émue et enthousiasmée d'un succès inespéré.

Lorsque le capitaine Andriel se présenta chez le correspondant de sa compagnie chargé de recevoir l'*Élise,* ce dernier refusa absolument de croire que le capitaine eût effectué la traversée de la Manche par une mer qui avait été, la nuit précédente, funeste à tant de navires. Il fallut, pour le convaincre entièrement, le conduire à bord.

« Le lendemain 20 mars, à trois heures de l'après-midi, en présence de toute la population du Havre, l'*Élise* quitta ce port pour se rendre à Paris par la Seine. La nuit suivante fut très obscure. Les villageois, effrayés, se rassemblaient sur les rives du fleuve, appelés par le bruit des roues, et surtout par la vue des étincelles et des jets de flamme qui s'échappaient du bateau. Cette espèce de torche, sillonnant avec rapidité le cours du fleuve, attirait de loin tous les regards et semait l'épouvante sur tout son parcours. Les cris sinistres : Au feu ! le tocsin et même les aboiements des chiens ne cessèrent qu'au point du jour de poursuivre la fantastique apparition.

« Mais la scène changea avec le lever du soleil. On parcourait les belles rives de la Seine aux approches de Rouen, et l'on ne trouva plus que des paysans au visage gai et épanoui, qui saluaient les passagers en jetant leurs chapeaux en l'air. Il fallut s'arrêter à Rouen pour faire disposer la cheminée du bateau à vapeur de manière à pouvoir l'abaisser au passage des ponts. Le 25, à onze heures du matin, l'*Élise* quittait Rouen, ayant à son bord le prince Wolkinski, aide de camp de l'empereur de Russie Alexandre, et quelques officiers de sa suite, venus de Paris dans cette intention. Le navire traversa Rouen aux acclamations des habitants de la ville et des campagnes d'alentour, qui encombraient les quais, les fenêtres et jusqu'aux toits des maisons.

« Le 28 mars, l'*Élise* mouillait à la hauteur du Champ-de-Mars, et le lendemain les Parisiens se pressaient sur les deux bords du fleuve, depuis la barrière de la Conférence jusqu'au quai Voltaire, où devait s'arrêter le bateau. On avait fait porter la veille deux canons à bord de l'*Élise*. Arrivé au pont de la Concorde, le capitaine ordonna de tirer le premier coup de toute une salve dont le vingt et unième coup retentit devant le palais des Tuileries. Le roi Louis XVIII assistait à cette scène, accoudé à une fenêtre du palais. Il ne put s'empêcher de partager l'enthousiasme public; il applaudit en élevant les mains. » (Louis Figuier.)

Cette tentative était sans doute prématurée. L'*Élise* fit quelque temps un service de transport entre Rouen et Elbeuf; la compagnie fit mal ses affaires, et le bateau retourna en Angleterre.

Cependant, en 1821, une compagnie anglaise, amenant deux bateaux anglais dans les eaux de la Seine, en fit construire deux autres à Paris, et commença le premier des services publics de ce genre que l'on ait vu fonctionner. A partir de 1825, les bateaux à vapeur desservirent peu à peu le cours de nos rivières, et s'installèrent comme remorqueurs dans nos principaux ports. Deux ans après furent construits, dans les ateliers de M. Cavé, les premiers steamers français destinés au service maritime.

§ 7. — L'HÉLICE SUBSTITUÉE AUX ROUES

Sous l'impulsion de Robert Fulton, les bateaux à vapeur avaient, les uns après les autres, été construits avec des roues à aubes, à l'imitation du premier bateau américain lancé sur l'Hudson. Cependant les ingénieurs qui s'occupaient de ces travaux furent bientôt ramenés à examiner si l'emploi de l'hélice ne serait pas préférable.

Daniel Bernoulli, dans son mémoire couronné, proposa le premier de faire avancer les navires en faisant tourner rapidement sous leur arrière une sorte de système analogue aux ailes des moulins à vent. Cet appareil était, sous un autre nom, une véritable hélice. Un ingénieur français nommé Paucton imagina, en 1768, de remplacer les rames par deux hélices situées à l'arrière, chacune sur un des côtés du navire. Au moment où une foule d'essais étaient tentés pour mettre en œuvre la navigation à vapeur, un Français, Charles Dallery, sans connaître ces précédents, eut aussi l'idée d'employer l'hélice. C'était un esprit heureusement doué pour la mécanique. Fils d'un constructeur d'orgues de la ville d'Amiens, il avait donné maintes preuves d'un véritable génie-inventif. Ainsi que bien d'autres, les inventions n'avaient pas enrichi Dallery ; elles ne lui avaient pas attiré la confiance du public. On le regardait comme un chercheur bizarre, et, de mécomptes en mécomptes, il vivait d'un certain genre de travaux d'orfèvrerie dont il avait le monopole. Mais il n'avait pas oublié les sujets habituels de ses méditations : la preuve, c'est que le 29 mars 1803 (il avait alors quarante-neuf ans) il prit un brevet pour appliquer l'action d'une machine à vapeur sur une hélice faisant mouvoir un bateau. C'était au moment où Fulton préparait sa fameuse expérience d'août 1803. Dallery voulait armer l'arrière du bateau d'une hélice simple, à un seul filet et à deux spires de révolution. Cet appareil propulseur était fixé à la partie du bateau complètement immergée. En avant il voulait placer une autre hélice pour tenir lieu de gouvernail. Une machine à vapeur à deux cylindres devait mouvoir l'une et l'autre. Malheureusement les fonds lui manquèrent aux deux tiers de son travail de construction. Il implora vainement les secours de l'État, et se vit enfin contraint de renoncer à son entreprise. Il assista, impuissant et navré, à l'heureuse expérience de Robert Fulton. Un peu plus tard, lorsque celui-ci eut repris le chemin de l'Amérique, Dallery renouvela, encore sans succès, ses instances auprès du gouvernement français. Enfin, ayant perdu tout espoir, il brisa lui-même son bateau inachevé, et reprit ses occupations ordinaires d'artisan. Il est mort, entièrement découragé, à Jouy, près de Versailles, en 1835. Nous avons vu qu'en même temps, en Amérique, le colonel John Stevens construisait aussi des bateaux à vapeur où l'hélice était appliquée comme moyen de propulsion.

Cependant les bateaux à roues suffisaient amplement à tous les essais de la navigation à vapeur, et peu à peu l'idée avait prévalu que l'hélice était un système tout à fait inférieur. Seul le capitaine du génie Delisle publia, en 1823, des travaux absolument contraires à cette conclusion défavorable. Ses idées furent écartées et mises en oubli.

Le temps n'était pourtant pas éloigné où la question allait être reprise et définitivement jugée. Il existait à Boulogne-sur-Mer un constructeur intelligent et expérimenté appelé Frédéric Sauvage. Il n'avait pas craint de reprendre, en 1832, les recherches de Delisle, et il était arrivé à se convaincre de la supériorité de l'hélice sur les roues à palettes et à aubes. Il avait réussi par de longs efforts à déterminer les conditions mécaniques où l'hélice produit le plus grand effet. Malheureusement il ne réussit pas à obtenir que ses idées fussent soumises au contrôle d'expériences suffisantes. Ni l'Académie des sciences ni l'administration de la marine n'encouragèrent ses efforts opiniâtres. En 1846, vieux, malade et ruiné, Sauvage reçut la première et la seule faveur qui lui ait été accordée; elle s'adressait au vieillard en détresse, et non au constructeur encore passionné pour ce qu'il rêvait depuis quatorze ans. Le roi Louis-Philippe lui accorda une pension pour le mettre à l'abri du dénuement. Puis, en 1854, la pauvre tête du constructeur dédaigné s'égara peu à peu, et trois ans après il mourait en enfance dans une maison de santé de Paris.

C'était en 1842 que Sauvage publiait les résultats de ses travaux sur l'hélice. Mais, six ans auparavant, l'usage de l'hélice pour la navigation à vapeur était introduit dans la pratique en Angleterre et en Amérique. Le 1ᵉʳ novembre 1836, un fermier anglais nommé Smith fit le premier essai d'un bateau à vapeur et à hélice, pour lequel il prit le jour même une patente. Son bateau navigua sur la Tamise pendant quelques mois; puis, s'aventurant en mer, il se rendit à Folkestone. Le voyage se fit dans les meilleures conditions. Aussitôt Smith fit construire un grand navire qui fut lancé dans les derniers mois de 1838. Frappée de ces succès, l'amirauté adopta l'hélice pour les navires de guerre. Mais, à la même époque, étudiait la même question un constructeur suédois fixé à Londres, bien connu aujourd'hui sous le nom d'Ericcson. Il prit une patente pour un bateau à hélice le 31 juillet 1836, et le 30 avril 1837 il en faisait l'essai avec non moins de succès que son rival. Néanmoins celui-ci avait pris l'avance. Il avait conquis la confiance de la marine anglaise. Ericcson alla porter le fruit de ses travaux en Amérique. Il y était attiré par le capitaine Robert Stockton, de la marine américaine, qui, se trouvant à Londres, avait étudié le bateau et eut la conviction de rendre un service à son pays. Là Ericcson fit une fortune rapide, digne de son mérite, et il se mit à la tête des nombreux constructeurs de talent que comptent les États-Unis.

A partir de ces deux essais, l'opinion publique devint de plus en plus favorable à l'emploi de l'hélice, surtout pour les navires de guerre et pour les bateaux de long cours. Ainsi, en 1842, l'Amérique possédait neuf steamers à hélice; l'année suivante elle en comptait trente. La France s'émut alors de ces symptômes de transformation dans les marines de l'Angleterre et des États-Unis. Le représentant d'Ericcson en Europe fut chargé d'installer une hélice à l'arrière de la *Pomone*, frégate à vapeur de 44 canons et de 220 chevaux. En 1844, un constructeur français lança au Havre

un paquebot à hélice nommé d'abord *le Napoléon*, puis *le Corse*.
L'hélice était à quatre ailes; elle était en fonte et pesait 1000 kilos;
son diamètre total mesurait 2 mètres 26. Enfin, en 1849, les ingénieurs Moll et Dupuy de Lôme construisirent et lancèrent le *Napoléon*, navire à vapeur et à hélice doué de mérites exceptionnels.

Quel que soit le genre de vaisseau sur lequel on installe l'hélice,
on a soin de donner à cet organe de propulsion les dimensions que
l'expérience a recommandées, en harmonie avec celles du bâtiment.

Fig. 36. — Le *Great-Eastern*, navire à vapeur et à roues, le plus grand qui ait été
jamais construit, procédant, en 1865, à la pose du câble sous-marin du télégraphe
transatlantique.

On la place à l'arrière, dans une sorte de vaste baie (fig. 37) pratiquée
sous la quille. Il faut qu'elle soit bien au-dessous de la ligne de flot-
taison, parce que, pour donner son plus grand effet, l'hélice doit
être plongée au moins sous un demi-mètre d'eau. Elle est ajustée sur
un arbre ou axe de rotation mis directement en mouvement par
la machine. Cet axe doit coïncider exactement avec l'axe du bateau
lui-même. L'hélice se trouve ainsi un peu en avant du gouvernail.
Elle tourne d'habitude à raison de 240 tours par minute; ce nombre
varie du reste quelque peu selon la vitesse de marche qu'on veut
obtenir. La plupart des hélices sont en bronze. J'indiquerai en terminant les principaux avantages de ce genre de propulseurs.

D'abord, par sa position, l'hélice est à l'abri des projectiles de
l'ennemi et de la chute des mâts ou pièces de gréement qui pourraient l'endommager. Ensuite les bâtiments sont débarrassés de

l'accroissement de largeur auquel sont condamnés les bâtiments
à roues (fig. 36). Ceux-ci, dans les coups de vent, perdent de la vitesse à cause de la vaste surface de résistance que présentent les tambours des roues. Un autre défaut des bâtiments à roues, c'est de
gêner, sur une partie notable de chaque bord, l'établissement des batteries d'artillerie. Mais surtout les mouvements de roulis mettent
souvent l'une ou l'autre roue hors de l'eau, ce qui trouble gravement leur jeu. La machine nécessaire pour mettre l'hélice en mouvement occupe moins de place. Enfin, n'ayant pas sur les flancs
les deux tambours, les bâtiments à hélice ont exactement la confor-
mation extérieure des bâtiments à voiles. Cela permet d'y installer

Fig. 37. — Arrière d'un navire pourvu d'une hélice A; le gouvernail se voit en B.

un gréement à l'aide duquel, dès que le vent est favorable, on a
recours aux voiles, et l'on économise ainsi du combustible.

Il ne faut pas croire cependant que l'hélice n'ait pas aussi ses défauts. Toutes conditions égales d'ailleurs, un navire à hélice a une
vitesse inférieure à celle d'un navire à roues. Toutefois la différence diminue lorsque la mer est agitée ou que le vent souffle avec
violence. Un des inconvénients les plus sensibles, c'est un mouvement de trépidation qui se communique aux passagers et à
l'équipage. En outre, le roulis et le tangage sont plus marqués sur
les bâtiments à hélice.

Ces considérations permettent de comprendre pourquoi l'emploi
des roues n'a pas été complètement abandonné. La navigation fluviale, celle des canaux, s'arrangent aussi bien de l'un et de l'autre
système. Beaucoup de navires de commerce, certains paquebots de
grande vitesse, marchent encore avec des roues. Mais, dans la marine de guerre, l'hélice règne seule, parce qu'elle y offre des avantages incomparables.

§ 8. — LA GUERRE MARITIME ET LA VAPEUR

Les marins du xixe siècle ont vu, grâce à la vapeur, la solution d'un problème depuis longtemps posé. Ils se sont trouvés affranchis des caprices du vent et de l'influence des courants. Mais il est facile de comprendre que, par cela même, l'application de la vapeur à la navigation a bouleversé tout l'art naval. Cela est surtout vrai lorsqu'il s'agit de guerre maritime. Les conditions où les vaisseaux ennemis se poursuivent, se livrent bataille, sont absolument changées depuis que chaque navire porte en lui son principe de mouvement et n'a pas besoin de le demander aux éléments. Deux navires à vapeur, lorsqu'ils s'attaquent, peuvent marcher l'un sur l'autre comme le feraient deux régiments sur un champ de bataille. On voudra bien remarquer que cette révolution si profonde a eu lieu après les grandes guerres maritimes du commencement du siècle. Aussi c'est avec un vif sentiment de curiosité que les nations maritimes du monde ont assisté à certains engagements où les bâtiments de nouveau modèle ont fait l'épreuve de leur efficacité. La guerre de la Sécession, en Amérique, occupe le premier rang parmi ces redoutables expériences. Cela s'explique d'autant mieux que le génie américain s'est exercé de bonne heure à utiliser pour les navires de guerre la puissance de la vapeur.

Dès 1812, on voit le colonel John Stevens travailler au projet d'un bâtiment cuirassé dont s'est inspiré plus tard l'ingénieur écossais John Elder. Son fils, Robert Stevens, reprit cet ordre de travaux, et, de 1842 à 1856, il s'occupa de construire un navire cuirassé qui, remanié bien des fois, n'était pas encore achevé quand il mourut.

La guerre que firent à la Russie, en 1854 et 1855, l'Angleterre et la France, éveilla sur ces mêmes questions l'attention des marines européennes. On ne voulut plus être exposé à perdre les bordées de toute une flotte sur des batteries invulnérables, comme on venait d'en rencontrer à Sébastopol. Napoléon III mit à l'étude la construction de batteries flottantes cuirassées. Le 18 octobre 1855, arrivèrent devant Kinburn les batteries flottantes *la Dévastation*, *la Lave* et *la Tonnante*. Chacune d'elles avait 53 mètres de long, portait 300 hommes d'équipage et une machine à hélice de 150 chevaux. L'armement était de dix-sept canons de fort calibre, lançant des boulets pleins et des projectiles creux. Ces batteries se présentaient d'ailleurs sous un aspect effrayant et sinistre : une masse de fer noire surmontée seulement d'une cheminée basse; pas de mâture, point de hauts bordages dominant la mer; mais une seule rangée de sabords s'élevant peu au-dessus des flots; ni roues ni voiles, pas un homme visible à bord; et cette masse mystérieuse s'avançait sous sa cuirasse composée de larges plaques de fer pur, épaisses de 10 centimètres. Le pont du bâtiment protégeait les canons sous un

Fig. 38. — Navire de guerre à vapeur, à hélice et à cuirasse. Sur le devant deux batteries flottantes cuirassées, à vapeur et à hélice.

blindage en poutres à l'épreuve des obus. Les trois batteries flottantes vinrent s'embosser à 850 mètres des forts de Kinburn. Elles reçurent une pluie de projectiles, plus de 130 en moins de trois heures, et leurs cuirasses ne furent pas entamées. Mais, pendant ce temps, leurs 51 bouches à feu réduisirent les forts russes au silence.

Les Anglais se hâtèrent de construire à leur tour des batteries cuirassées sur le modèle des Français.

Immédiatement on s'occupa, dans les arsenaux de la France, de construire des vaisseaux cuirassés, c'est-à-dire dont la coque en bois fût recouverte de plaques de fer. En 1858 fut lancée la frégate cuirassée *la Gloire,* construite par M. Dupuy de Lôme; trois autres vaisseaux cuirassés furent encore mis à la mer cette même année, et deux autres l'année suivante. Pendant le même temps, l'Angleterre mit à flot le *Warrior* et cinq autres vaisseaux du même genre. Ces bâtiments cuirassés n'étaient point seulement protégés par une armure défensive: ils pouvaient aussi prendre une offensive redoutable. Leur avant, taillé en biseau aigu, semble une hache gigantesque cachée sous l'eau. Poussé par sa machine à hélice avec une vitesse de quatre lieues marines à l'heure, démasqué de son mât de beaupré, qui a été supprimé, le navire peut défoncer par son choc les flancs d'un navire ennemi. Plus tard on accusa davantage cette arme offensive; le *Magenta* et le *Solférino* portèrent à leur avant, et au niveau de l'eau, un solide éperon terminé en pointe et porté sur une forte saillie de la proue.

En 1855, le capitaine américain Cowper Coles avait proposé à l'amirauté anglaise les plans d'une nouvelle espèce de batterie flottante. Il ne put les faire agréer; mais il fut mieux accueilli de ses concitoyens, et peu de temps après il leur donna le *Monitor,* type d'une catégorie spéciale de batteries cuirassées. Ce qui caractérise ce type, c'est la disposition simple et redoutable de l'artillerie du bord. Le bâtiment est formé d'une coque en chêne épaisse de 65 centimètres, recouverte d'une cuirasse de 12 centimètres 1/2 d'épaisseur et revêtue intérieurement d'une coque en fer épaisse de 12 millimètres. Le pont, solidement blindé de poutres de chêne, est cuirassé de plaques de fer. Dans son ensemble, l'embarcation, en forme de coque renversée, représente une carapace couvrant le bâtiment. Au-dessus de cette carapace s'élève une tour blindée en fer, bardée de plaques de fer, avec un toit à l'épreuve des projectiles. C'est dans cette tour qu'est logée l'artillerie : deux canons seulement, de fort calibre; dirigés en sens inverse. Une machine à vapeur, placée sous le pont, fait tourner sur un pivot la tourelle avec ses deux canons et ceux qui les servent. Les confédérés, ou sécessionnistes du Sud, convertirent une vieille frégate en un bâtiment du même genre, dont la proue fut armée d'un éperon en fer. On y installa une machine à vapeur et une hélice. Ainsi fut improvisé ce second monitor, auquel on donna le nom de *Mérimac.* On avait envie de faire échec au *Monitor* des fédéraux ou gens du Nord. Ces deux redoutables embarcations se rencontrèrent en mars 1862, et leurs luttes sont restées célèbres.

Dans les eaux du James River, sur les côtes de la Virginie, croisaient
six frégates en bois de
la marine fédérale. Elles
furent averties que le
Mérimac descendait le
fleuve pour leur faire
lever le blocus. Elles
appelèrent à leur se-
cours le *Monitor*. Le
8 mars, le *Mérimac* ar-
riva avec deux frégates
cuirassées ; il vint se
placer au milieu des
six frégates fédérales.
Celles-ci lui envoyèrent
en même temps les bor-
dées de toutes leurs
pièces. Le *Mérimac* les
essuya sans éprouver
aucune avarie. Puis il
prit à partie l'une des
frégates appelée *le Cum-
berland*, lui envoya les
volées de ses deux ca-
nons, et, reculant pour
se donner carrière, il
revint à toute vapeur
sur la malheureuse fré-
gate et lui plongea son
éperon dans le flanc. Le
Cumberland coula bas
aussitôt avec son équi-
page. Le *Mérimac* re-
joignit les deux fréga-
tes confédérées, qui li-
vraient bataille à une
frégate fédérale ; celle-ci
fut capturée et incendiée
sur place. La nuit était
venue, et le combat
cessa.

Fig. 39. — Un monitor américain.

Le 9 au matin, le *Monitor* arriva et s'adressa sans hésiter au
Mérimac. Pendant cinq heures ces deux radeaux blindés épuisèrent

l'un contre l'autre tous leurs moyens d'attaque sans pouvoir se
faire la moindre avarie. Le *Mérimac* voulut profiter de son éperon :
une première fois il se lança sur les flancs du *Monitor*, mais
l'éperon glissa sur l'armure de fer; la seconde fois il se brisa dans
le choc. Enfin un boulet pénétrant par un des sabords tua le capitaine du *Mérimac*. Ce fut la fin du combat; d'ailleurs le capitaine
du *Monitor* était lui-même assez gravement blessé. Tels furent les
débuts militaires des monitors. Depuis cette époque toutes les marines européennes adoptèrent ce type redoutable de canonnières
cuirassées.

CHAPITRE IX

LE CHEMIN DE FER ET LA LOCOMOTIVE

§ 1. — LES CHEMINS DE FER AU XVIIIe SIÈCLE

Le voyageur Arthur Young, parcourant, vers 1775, les comtés
de Durham et de Northumberland, traversa le bassin houiller qui
entoure la ville de Newcastle-sur-Tyne. L'exploitation des mines
de houille était déjà fort active, et le charbon sortant des puits était
immédiatement dirigé vers les quais d'embarquement, où de nombreux navires le recevaient dans leurs flancs. Notre voyageur
admira de quelle façon étaient installés les moyens de transport.
« Les chemins pour les chariots à charbon, depuis la mine jusqu'à
la rivière, sont, dit-il, de grands travaux exécutés par-dessus
toutes les inégalités du terrain, et poussés à une distance de huit
à neuf milles (dix à quatorze kilomètres). Les chariots roulent sur
des pièces de bois fixées dans les ornières, de sorte qu'un cheval
peut traîner, et avec aise, cinquante ou soixante boisseaux de
charbon. » Ces rails de bois avaient la forme d'une sorte de mou-
lure saillante et arrondie. Les roues des chariots étaient faites en
fer fondu; elles étaient évidées comme la gorge d'une poulie, pour
s'adapter sur la saillie du rail. Ce système de voies de transport
s'était multiplié dans la contrée aussi bien que dans les bassins
houillers du pays de Galles et du comté de Cumberland; car il
avait une origine ancienne. C'est, dit-on, vers l'année 1630 qu'un
certain M. de Beaumont avait pour la première fois employé des
rails en bois afin de faciliter la traction des chariots de houille.

Pour éviter l'usure on commença, dans quelques usines, à recouvrir le bois de lames de fer fixées par des clous. Mais alors on remarqua que le bois ainsi couvert était sujet à se pourrir. Les uns revinrent à l'emploi exclusif du bois; mais d'autres, vers 1738, essayèrent de se servir de rails en fer laminé. Un chemin de fer de ce genre fut construit, en 1776, dans une houillère auprès de Sheffield. En 1789, W. Jessop en établit un autre dans le comté de Leicester. Ces faits, et plusieurs autres que l'on pourrait citer, prouvent que les chemins de fer étaient en usage dès le xviiie siècle. C'était une partie du matériel des exploitations minières; mais là se bornait leur emploi.

§ 2. — La première voiture a vapeur

Dès que la machine à vapeur eut pris, entre les mains de Watt, une forme qui la rendît applicable aux usages de l'industrie, on songea à l'employer, non seulement pour naviguer, mais aussi pour faire tourner les roues des voitures. James Watt et le docteur Robison s'en étaient déjà entretenus longtemps, et en 1769 le grand inventeur fit comprendre dans un de ses brevets une machine destinée à cet usage. Néanmoins il ne la construisit jamais. La première voiture à vapeur qui ait fonctionné est due à un ingénieur français nommé Joseph Cugnot, né à Void, en Lorraine, en 1725. Il essaya, à Bruxelles, d'établir ce qu'il appelait des *fardiers à vapeur* pour le transport du matériel de l'artillerie. Puis il vint à Paris proposer son invention, et le ministre Choiseul le chargea de construire un de ces fardiers. Il en fit l'essai, en 1769, en présence du ministre, du général Gribeauval et de beaucoup d'autres spectateurs. Chargé de quatre personnes, le fardier à vapeur marcha horizontalement avec une vitesse de quatre à six kilomètres par heure. Malheureusement la vapeur ne se produisait pas en quantité suffisante; au bout de douze à quinze minutes il fallait laisser reposer la machine pour qu'une nouvelle quantité de vapeur eût le temps de se former. Cugnot pensa écarter ce grave inconvénient en donnant de plus grandes proportions à sa chaudière, et il fut invité à construire une nouvelle machine capable de marcher sans interruption, avec un poids de quatre à cinq tonnes, en atteignant une vitesse de trois kilomètres et demi par heure. Ce nouvel appareil était construit vers la fin de 1770, et il avait coûté près de deux mille francs. On attendait les ordres du ministre pour faire en sa présence un essai décisif; mais Choiseul tomba du pouvoir peu de temps après, et la voiture de Cugnot fut reléguée dans un hangar de l'arsenal. Il paraît qu'on essaya de l'utiliser pour le service des transports de l'artillerie ; mais elle versa en plein Paris, et dès lors on resta effrayé des dangers qu'elle pouvait entraîner. Cette voiture à vapeur existe encore, et c'est une des reliques scientifiques les plus curieuses que l'on montre au Conservatoire des arts et métiers de Paris.

Nous pouvons aujourd'hui apprécier la valeur de cet appareil. Il est grossièrement défectueux et ne pouvait marcher avec une certaine vitesse d'une façon régulière. La machine à vapeur qui met la voiture en mouvement est pourvue de deux corps de pompes, mais la vapeur n'agit que sur une des faces de chaque piston. C'est donc une machine à simple effet. Elle n'a pas de condenseur ; après avoir mû le piston, la vapeur inutile s'échappe dans l'atmosphère ; mais la chaudière n'est pas disposée pour une production rapide et abondante de vapeur. Nous savons aujourd'hui qu'il faut, pour faire marcher des voitures, avoir recours à des machines à double effet et à haute pression.

§ 3. — LA MACHINE A VAPEUR A HAUTE PRESSION

Une machine de ce genre avait été décrite, vers 1725, par le physicien allemand Leupold ; mais elle était restée en projet. James Watt avait fixé son attention sur ce projet remarquable, l'avait mentionné dans un de ses brevets, et en définitive n'avait construit aucun appareil fondé sur ce principe. La première des machines à haute pression fut construite par Olivier Evans, l'un des mécaniciens les plus distingués que l'Amérique ait vus naître. Il était originaire de Newport, dans l'État de Delaware ; sa condition était très humble, et dans sa jeunesse il fut apprenti chez un charron. A l'âge de dix-huit ans, son esprit fut vivement frappé en voyant l'un de ses camarades faire éclater ce qu'on appelait dans le pays un *pétard de Noël*. Le jeune gars avait versé un peu d'eau dans un vieux canon de fusil dont il avait fermé la lumière avec une cheville de bois fortement enfoncée. Puis il avait bouché l'extrémité du canon avec un tampon bien serré. Cela fait, il avait placé le tout dans le feu d'une forge. Au bout de quelques instants, comme on peut le penser, une détonation violente retentit, et le tampon fut lancé au loin. Le jeune Evans eut alors une révélation d'une force très puissante et encore inconnue pour lui : la force élastique de la vapeur confinée. Il s'inquiéta aussitôt de savoir si quelqu'un avait jamais eu l'idée d'en tirer parti, et il finit par entendre parler de la machine de Newcomen et des travaux de Watt. Il ne trouva pas que l'on eût mis directement en œuvre la tension de la vapeur comprimée, et il ébaucha des projets de machines conçus dans cet ordre d'idées. Il comptait, en dégageant dans le corps de pompe de la vapeur à très haute température, obtenir un effet puissant capable de faire marcher des voitures. En l'année 1800, il se décida à construire une de. ces machines; mais, en voyant la puissance qu'elle développait, et combien relativement aux autres machines elle était simple et peu coûteuse, il la modifia pour l'appliquer comme machine motrice aux usages de l'industrie. La vapeur engendrée à quatre, cinq ou six atmosphères de pression, dans une chaudière chauffée sur une large surface, se rendait dans l'appareil distributeur; celui-ci l'introduisait tour à tour en dessus ou en dessous du piston, et au lieu de condenser la vapeur qui avait produit son effet, l'appareil distributeur l'émettait directement dans l'air extérieur. C'était le premier exemple d'une machine à haute pression; du reste Evans perfectionna peu à peu son premier type et se consacra spécialement à ce genre de constructions. Il revint plusieurs fois à l'idée de faire mouvoir une voiture par sa machine; mais, peu encouragé par l'opinion publique, il finit par s'occuper exclusivement de son industrie de constructeur. Les machines. à haute pression n'obtinrent un succès mérité qu'assez longtemps après sa mort, qui eut lieu en 1819.

Un meilleur accueil n'était pas réservé en Angleterre à des tentatives du même genre. En 1802, un élève de Murdoch, nommé Richard Trévithick, imita les modèles d'Olivier Evans, et les appliqua à mouvoir une voiture, à laquelle l'inventeur avait donné l'apparence d'une diligence. Cette voiture marchait, mais non d'une manière continue. A des intervalles assez rapprochés, la vapeur, qui devait se maintenir à une pression d'environ cinq atmosphères, manquait de force élastique, et il fallait attendre que le feu en eût dégagé de nouvelles quantités. Trévithick se dégoûta bientôt de ses essais et dirigea ses efforts dans une autre voie.

Il existait auprès de Londres un chemin à rails de fer, entre Wandsworth et Croydon. L'opinion publique était vivement excitée par les expériences qui s'y faisaient; des paris s'engageaient sur le poids que pouvait, sur ce chemin de fer, traîner un seul cheval. Alors Trévithick songea que sa machine ou voiture à vapeur pouvait obtenir sur des rails un effet beaucoup plus satisfaisant que sur une route ordinaire. En 1803, il construisit une locomotive pour charger le minerai sur le chemin à rails des forges de Pen-y-darran, dans le sud du pays de Galles. C'était le germe du chemin de fer moderne avec sa locomotive. A son premier essai, la nouvelle machine traîna plusieurs wagons chargés de dix tonnes de barres de fer, et maintint une vitesse de cinq milles (huit kilomètres) par heure. Malheureusement les rails étaient trop faibles pour supporter le poids de la machine; ils cassaient souvent. Un jour même la machine dérailla et s'échappa dans un terrain voisin. Il fallut la ramener à l'usine avec des chevaux. Ce fut le coup de grâce; on la transforma en une machine fixe, et on l'appliqua aux travaux des forges. Là s'arrêtèrent les efforts de Richard Trévithick dans cette voie.

§ 4. — INFLUENCE D'UNE OPINION PRÉCONÇUE

Cet homme avait pourtant un moment tenu dans sa main l'invention des chemins de fer actuels. En faisant marcher une locomotive sur des rails, il avait le premier montré comment on pouvait réaliser la locomotion à la vapeur sur la terre ferme. Des difficultés de détail l'arrêtaient presque au début; mais il paraît en outre avoir été préoccupé d'une idée fausse qui allait pendant dix ans entraver tout progrès. On pensait à cette époque qu'une machine à roues lisses glisserait sans y adhérer sur des rails également lisses; que par conséquent les roues tourneraient sur place sans la faire progresser. Aussi Trévithick a-t-il soin, dans son brevet d'invention, d'annoncer que le pourtour des roues doit être rendu inégal par des boulons saillants et des cannelures transversales. Cette opinion paraissait tellement indiscutable, qu'on ne songeait pas même à la soumettre au contrôle de l'expérience. En 1811, d'après ce préjugé, Blenkinson prit un brevet pour un rail à crémaillère placé sur un des côtés du chemin, et la locomotive était pourvue d'une roue dentée agissant comme un pignon dans un engrenage. Ce bizarre système fut mis en pratique pendant plusieurs années dans les houillères de Middleton, près de Leeds. D'autres mécanismes plus singuliers encore furent imaginés pour remédier à ce prétendu défaut d'adhérence. Enfin un esprit plus avisé voulut essayer jusqu'à quel point le simple frottement était insuffisant pour faire adhérer sur les rails les roues d'une locomotive. C'était un propriétaire de houillères de Wylam, près de Newcastle-sur-Tyne. Malgré des insuccès dus à diverses causes, il persévéra dans ses recherches, avec l'aide de l'inspecteur de la houillère, nommé William Hedley. Celui-ci, par une série d'expériences, reconnut que le poids seul de la locomotive suffit pour faire adhérer les roues aux rails, bien que la périphérie des roues et la surface des rails soient également unies. Ainsi fut réfutée par l'expérience même une opinion conçue sans motif. On était en 1813; il y avait donc dix ans que l'on luttait contre un fantôme, faute de faire un essai bien conçu.

§ 5. — LES STÉPHENSON

Le village de Wylam, situé à douze kilomètres de Newcastle, sur la rive nord de la Tyne, possède à sa limite orientale une humble maison à un seul étage, bâtie de pierres brutes, couverte de tuiles rouges et divisée intérieurement en quatre chambres. Devant elle passe la route de Newcastle à Hexham, et sur cette route est installé un vieux chemin à rails pour le service de la houillère voisine. Dans l'une des chambres de cette maison logeait, vers la fin du XVIIIᵉ siècle, un ouvrier employé comme chauffeur dans cette même houillère. On le connaissait sous le nom du vieux Bob; mais son véritable nom, bien obscur alors, était Robert Stéphenson. Sa femme était une ménagère vaillante et économe, qui aidait le pauvre ouvrier à élever les enfants. Aujourd'hui, lorsque le voyageur, en visitant les monuments de Londres, parcourt l'église de l'abbaye de Westminster, on lui montre, parmi d'autres tombeaux portant bien des grands noms chers à l'Angleterre, celui d'un autre Robert Stéphenson, mort à cinquante-six ans, en 1859. Celui-là était riche, puissant et honoré dans son pays à cause de grands services rendus et de ses rares talents comme ingénieur. C'est le petit-fils du pauvre chauffeur de Wylam. Entre le grand-père et le petit-fils a passé l'artisan principal de cette grande fortune, ingénieur comme son fils, et qui l'avait en grande partie formé en même temps qu'il se formait lui-même. Cet homme de génie, qui eut le bonheur d'associer son fils à ses travaux et à sa gloire, est Georges Stéphenson, le second des six enfants du vieux Bob. Il est né le 9 juin 1781. A l'âge de huit ans, il gagnait quelque argent à faire paître les vaches d'une fermière du voisinage. Quelques années plus tard, dans les champs, il conduisait par la bride les chevaux de labour. Enfin il fut admis dans la houillère comme aide-chauffeur, vers l'âge de douze ans. Exact et attentif à son poste, travaillant encore pour s'instruire aux heures de récréation, le pauvre Georges n'avait jamais été envoyé à l'école, tant la vie était restreinte chez ses parents. Il était bien planté, vigoureux, et rude à son corps; mais personne ne voyait en lui autre chose pour l'avenir qu'un ouvrier honnête, rangé, intelligent et pouvant arriver à gagner un bon salaire. A quinze ans, il fut employé comme chauffeur, ainsi que l'était son père; deux ans après il obtint le poste plus élevé de mécanicien, chargé de conduire et de surveiller une des machines qui travaillaient à enlever l'eau des galeries de la houillère. Cette machine devint la passion exclusive de Georges Stéphenson. Il la soignait avec amour ; il la connut bientôt pièce à pièce et se rendit compte de sa construction et de son jeu.

Cependant il sentait en lui une grande infériorité par rapport à quelques-uns de ses camarades qui savaient lire. Il les écoutait avidement lorsque, pendant les heures de travail, ils lisaient à haute voix quelque journal, quelque passage d'un livre tombé dans leurs mains. Dès lors il comprit que, pour espérer quelque avenir, il fallait posséder cet art modeste et merveilleux qui permet de demander aux livres les choses que l'on ne sait pas. A l'âge de dix-huit ans, il alla s'asseoir sur les bancs d'une école du soir, et il commença à apprendre la lecture, l'écriture et le calcul. Comme il avait en même temps appris complètement à conduire une machine à vapeur, on lui confia à l'âge de vingt ans cette fonction importante dans la mine. Deux ans plus tard il obtint à Willington-quay un poste analogue, mais beaucoup mieux rétribué ; de sorte que, le 28 novembre 1802, il épousa Fanny Henderson, à laquelle il était fiancé depuis longtemps. Pour assurer des ressources suffisantes à son jeune ménage, il joignait à ses travaux d'ouvrier toute sorte d'autres occupations. C'est ainsi qu'il ne tarda pas à être renommé comme un des meilleurs raccommodeurs d'horloges de tout le canton. C'est à Willington-quay que naquit, le 16 octobre 1803, Robert Stéphenson, son fils unique, dont la dépouille repose aujourd'hui à Westminster.

Bientôt le malheur traversa l'existence du jeune ouvrier. Il perdit sa femme, près de laquelle il avait goûté quatre ans de bonheur et dont il devait porter le deuil pendant quatorze ans. Peu après son pauvre père, victime d'un accident de mine, resta aveugle et sans ressources. Enfin, en 1808, pour satisfaire aux nécessités de la guerre que le gouvernement anglais soutenait contre Napoléon et la France, le parlement autorisa l'établissement d'une milice locale de deux cent mille hommes. Georges Stéphenson fut un de ceux qu'on appela à en faire partie. Pour n'abandonner ni son vieux père infirme, ni son enfant en bas âge, il acheta un remplaçant : mais au prix de quels sacrifices ! Toutes ses épargnes ne suffirent pas, et il dut emprunter une somme de cent cinquante francs. A ce moment de sa vie, cet homme, qui donna plus tard tant de preuves d'une persévérance indomptable, paraît avoir eu un moment de désespoir. Une de ses sœurs émigrait avec son mari pour les États-Unis d'Amérique ; il conçut le projet d'émigrer comme elle ; mais heureusement il ne put réunir la somme nécessaire. Alors il entreprit, avec deux autres camarades, la conduite des machines de la mine de West-Moor, et, grâce à son génie inventif, il sut trouver certains perfectionnements qui lui rendirent cette entreprise assez lucrative. Il réussit à se faire connaître comme fort habile réparateur de machines, de sorte qu'en 1812 les propriétaires d'une houillère située à Killingworth le choisirent comme mécanicien principal, aux appointements de deux mille cinq cents francs par an. Un cheval était en outre mis à sa disposition pour les visites d'inspection qu'il devait faire aux divers puits de la mine. Ainsi à trente et un ans Georges Stéphenson, par son seul mérite, sortait de sa situation de manouvrier et commençait, bien modestement encore, sa carrière d'ingénieur. Pas n'est besoin de dire que pendant les années qui venaient de s'écouler, il n'avait pas perdu une seule occasion de s'instruire surtout dans les connaissances dont il avait besoin pour sa profession. D'ailleurs il sut se créer de nouvelles occasions en accomplissant ses devoirs de père. Le jeune Robert avait grandi, et, dès que l'âge le permit, son père l'envoya à l'école dans un village voisin ; puis lorsque l'enfant eut douze ans il le plaça dans une école de Newcastle, où celui-ci fit de rapides progrès et se fit aimer par son caractère studieux et sa bonne humeur. Tout le temps des études de son fils, Georges utilisa ses longues causeries à s'instruire lui-même de tout ce qu'on apprenait à l'enfant. En même temps il le dressait à toutes les pratiques professionnelles que l'expérience lui avait enseignées. D'ailleurs, pour subvenir aux frais de cette sorte d'éducation en partie double, il avait repris, à tous ses moments de loisir, ses travaux d'horlogerie et de mécanique usuelle.

§ 6. — Premières locomotives de G. Stéphenson

Pendant qu'il menait cette existence occupée, heureux d'une situation qu'il regardait comme suffisante pour satisfaire son ambition, Georges Stéphenson se tenait au courant de tout ce qu'on essayait de nouveau dans le bassin de Newcastle. Que de fois était-il allé voir à Wylam les expériences successives de Blacketh et de Hendly ! Il ressentit le désir de faire mieux, et il s'en croyait capable. En effet, le 25 juillet 1814, il plaça sur le chemin ferré de Killingworth une machine locomotive de sa façon, que les gens du voisinage appelèrent *Blucher*. Elle était à roues lisses, car Georges Stéphenson était convaincu par expérience que le poids de la machine donnerait sur les rails une adhérence suffisante. Cette première locomotive fournit un travail satisfaisant. Néanmoins il fallait s'assurer que son usage était moins coûteux que l'emploi des chevaux. Sur ce point les calculs faits au bout d'une année ne furent pas concluants. Il parut que les dépenses étaient identiques.

Alors Georges Stéphenson, convaincu qu'il fallait arriver à un tirage plus actif dans le fourneau de la machine, conçut une idée des plus heureuses. Il avait remarqué que la vapeur s'échappant par le tuyau de décharge, après avoir agi sur le piston, avait une vitesse incomparablement plus grande que la fumée sortant de la cheminée de la machine. Il imagina de ramener dans la cheminée, par un petit tuyau, la vapeur qui s'échappait avec une telle rapidité. Il balayait ainsi la cheminée elle-même par un courant rapide qui devait considérablement augmenter le tirage du foyer. Il essaya cette ingénieuse modification, et il constata avec bonheur que la puissance de sa locomotive se trouvait doublée. En effet, le feu du fourneau rendu beaucoup plus ardent déterminait dans la chaudière la production plus active de la vapeur. Cette simple modification allait donner aux locomotives des vitesses infiniment supérieures à celles que l'on avait rêvées jusque-là. Le 28 février 1815, Georges Stéphenson prit un brevet qui comprenait d'abord cette belle disposition. De plus il renonçait aux systèmes compliqués qu'on avait employés jusque-là pour faire mouvoir les roues à l'aide d'engrenages. Dans sa nouvelle locomotive, les deux cylindres où agissait la vapeur communiquaient directement avec les roues au moyen de bielles agissant sur des manivelles. La réalisation de cette idée présenta des difficultés assez nombreuses; mais l'esprit ingénieux et tenace de Stéphenson parvint à les résoudre par des dispositions on ne peut plus heureuses. Sa deuxième locomotive, construite en 1815, laissa donc bien loin derrière elle celles qu'on avait vues jusque-là, et l'on a pu dire qu'elle méritait d'être regardée comme le type de la locomotive actuelle. Cependant son inventeur ne se dissimulait pas les défauts qu'elle présentait encore; il les voyait mieux qu'un autre et ne songeait qu'à y remédier. Elle marchait régulièrement chaque jour, traînant de la mine aux embarcadères des wagons remplis de houille. Elle donnait une certaine économie comparativement au travail des chevaux; mais c'était encore trop peu. Il porta tous ses soins sur l'établissement de la voie ferrée, et, par divers perfectionnements, il arriva à un service plus régulier et de plus en plus économique. Plusieurs des machines construites ainsi en 1816 fonctionnaient encore sur les voies améliorées plus de soixante ans après.

C'est vers 1816 que des amis essayèrent de ramener Stéphenson à la question des voitures à vapeur employées sur les routes ordinaires. Il ne repoussa pas cette idée sans l'avoir étudiée. Des expériences minutieuses lui inspirèrent la conviction qu'il n'était pas possible d'utiliser la force de la vapeur d'une manière économique sur les routes ordinaires. Il acquit en outre la conviction que dans tout chemin de fer la marche des machines serait d'autant moins coûteuse que le niveau des diverses parties de la voie serait établi le plus exactement possible. Dès lors il commença à comprendre la nécessité de travaux d'art considérables, comme les viaducs et les tunnels, pour franchir soit les vallées, soit les collines ou les montagnes.

§ 7. — LE CHEMIN DE FER DE STOCKTON ET DARLINGTON

Quels qu'eussent été les succès réels de Georges Stéphenson, l'opinion publique en était peu préoccupée. Plusieurs années s'écoulèrent sans que l'exemple du chemin de fer de Killingworth fût imité dans aucune autre houillère du même bassin. Quant aux écrivains et aux gens de science, pas un ne s'inquiétait de savoir ce que faisait dans un coin du Nord un petit mécanicien ne sachant ni manier la plume, ni même exposer de vive voix toutes ses pensées. Un moment Stéphenson reprit son projet d'émigration en Amérique. La navigation à vapeur lui paraissait, dans ce pays, ouvrir de grands horizons à un esprit inventif guidé par une expérience déjà longue; mais les circonstances se chargèrent pour la seconde fois de le retenir en Angleterre.

En 1819, Georges Stéphenson fut chargé d'établir un chemin de fer qui serait desservi par ses locomotives à la houillère de Hetton, dans le comté de Durham. On lui donnait le titre d'ingénieur en chef du chemin projeté. C'était une ligne plus longue que les lignes existant jusqu'à ce jour ; il s'agissait d'un parcours d'environ quatorze kilomètres, et elle devait passer à travers une des plus hautes collines de ce pays. Stéphenson, en étudiant la surface accidentée que lui offrait cette contrée, établit, non pas un chemin à locomotives, comme on le lui demandait, mais un chemin à machines fixes avec des rampes automotrices; une partie du trajet se faisait seulement par traction de locomotive. L'inauguration eut lieu le 18 novembre 1822, et le succès fut complet. Dans le système qu'il avait adopté, Stéphenson avait obéi à des motifs d'économie judicieusement compris, bien que dans l'origine les propriétaires de la mine eussent désiré employer partout des locomotives. Dans ces travaux Georges avait eu sous ses ordres comme apprenti inspecteur son fils Robert, récemment sorti de l'école de Newcastle. En 1823, il se décida à l'envoyer passer six mois à l'université d'Édimbourg; puis le père et le fils unirent de nouveau leurs efforts au moment où allait se présenter une circonstance décisive dans leur carrière.

Il existe dans le sud du comté de Durham une région très riche en matières minérales exploitables; depuis longtemps on sentait le besoin d'y ouvrir une grande voie de communication. Après avoir songé à un projet de canal, puis à un chemin à ornières ou rails creux, on s'arrêta à un chemin de fer de Darlington à Stockton-sur-Tess. Ce projet était vivement soutenu par Édouard Pease, que ne décourageait aucun obstacle. En vain fut-il en butte aux sarcasmes de tous les gens du voisinage; en vain refusait-on de lui confier l'argent nécessaire pour étudier le projet : il persistait imperturbablement. Au printemps de 1821, les pouvoirs publics avaient enfin donné leur autorisation. Mais il n'était pas question d'employer des machines locomotives pour traîner les wagons; il s'agissait de chevaux ou d'hommes. Georges Stéphenson vint trouver Édouard Pease, plaida auprès de lui la cause de la traction par locomotives. Il le supplia de venir à Killingworth voir ses machines, examiner les livres de compte et constater lui-même les avantages d'un pareil mode d'exploitation. Pease se rendit à ses instances, et, après un examen détaillé, il en revint absolument convaincu. Alors on entreprit la construction du chemin de fer. En même temps, sous l'inspiration et avec le concours financier d'Édouard Pease, Georges Stéphenson fondait à Newcastle une usine pour la construction des locomotives. Elle commença à fonctionner en 1824. La ligne de Darlington à Stockton fut ouverte le 27 septembre 1825. La maison Stéphenson et Cie avait construit trois machines, dont une seule, *la Locomotion,* était prête à marcher pour l'inauguration. Lancée à toute vitesse, elle pouvait faire de vingt à vingt-cinq kilomètres à l'heure. Mais dans le service habituel on ne demandait qu'une vitesse de sept à huit kilomètres. Ce fut un grand événement que l'inauguration de ce chemin de fer. Tout le temps qu'on le construisait, les fermiers des routes n'avaient cessé de proférer des menaces, et ils se vantaient d'empêcher l'exploitation. Le public, dont la curiosité était très excitée, s'obstinait à croire que l'entreprise devait échouer. Stéphenson conduisait lui-même sa machine, et le convoi était formé de six wagons chargés de charbon et de farine, une voiture où se trouvaient les directeurs, vingt et un wagons pourvus de banquettes pour les voyageurs, et six autres wagons chargés de charbon. A un signal donné, dit un témoin oculaire, la machine se mit en route avec cet immense convoi de voitures. Sa vitesse fut, en certains endroits, de dix-neuf kilomètres à l'heure. Avant que le convoi fût arrivé à Stockton, il y avait plus de six cents personnes, soit dans les voitures, soit accrochées aux wagons chargés. On avait dû faire en moyenne, depuis Darlington, de sept à neuf kilomètres par heure. A Stockton l'arrivée du convoi excita une profonde admiration. Après ce début, l'exploitation régulière commença et se poursuivit avec un succès inespéré. Les prévisions furent également dépassées en ce qui concerne le transport des voyageurs. On n'y avait d'abord nullement songé; puis, lorsque les travaux étaient déjà avancés, on résolut de faire un essai à tout hasard. Jusque-là le nombre des voyageurs avait été peu considérable; il paraissait peu probable qu'ils voulussent se risquer à voyager à l'aide d'une locomotive. On résolut de faire construire un wagon traîné par un cheval et faisant chaque jour un voyage, aller et retour, entre les deux villes. Ce premier wagon à voyageurs sur chemin de fer fut appelé *the Experiment* (*l'Essai*). Il marchait avec une vitesse de neuf à dix kilomètres par heure; chaque voyageur payait 1 franc 25 et avait droit à sept kilos de bagages. Cette entreprise accessoire eut un succès rapide. Il fallut multiplier le nombre des voitures, et elles en vinrent à des vitesses de quinze et seize kilomètres par heure.

C'est un peu avant le début de cette grande entreprise que Georges Stéphenson s'était remarié, en 1820, avec la fille d'un fermier du pays.

§ 8. — Un concours de machines locomotives

Depuis l'année 1821 s'agitait, au milieu de résistances de toute espèce, un grand projet : celui d'un chemin de fer entre Liverpool et Manchester. Il fallut cinq années pour triompher de tous les obstacles que suscitèrent les intérêts particuliers et les idées fausses ligués contre tout projet de chemin de fer. Enfin, en 1826, la compagnie put commencer les travaux. Elle nomma Georges Stéphenson ingénieur en chef, avec 25 000 francs d'appointements; il vint aussitôt se fixer à Liverpool et commença à organiser les travaux. Une chose attira d'abord son attention, c'était une immense tourbière située sur le trajet naturel de Liverpool à Manchester. Contrairement à l'opinion de tous les ingénieurs de cette époque et au sentiment public régnant dans la contrée, il crut que le tracé le plus économique devait traverser cette tourbière. Il persévéra dans son idée malgré toutes les difficultés matérielles, et il réussit au delà de toute espérance. Il fallut en outre construire sous la ville de Liverpool un tunnel de deux kilomètres et demi de longueur. A cette époque on ne possédait ni des entrepreneurs expérimentés dans ces travaux d'excavation, ni l'outillage que l'expérience et le temps ont aujourd'hui introduit dans la pratique courante. Plus

d'une fois les ouvriers, effrayés par des éboulements imprévus, par
des inondations subites, se mutinèrent, et il fallut chaque fois que
l'ingénieur en chef les rassurât en se jetant le premier au plus fort
du danger. En troisième lieu il fallut faire une immense tranchée
pour traverser une colline élevée. Encore aujourd'hui elle peut être
comptée parmi les travaux hardis auxquels les chemins de fer ont
donné lieu ; elle coupe le mont Olive sur une longueur de plus de
trois kilomètres et entre deux talus presque à pic qui, dans certains
endroits, ont jusqu'à 28 mètres de hauteur. Il fallut sur l'ensemble
de la ligne, qui a 48 kilomètres de longueur, construire soixante-
trois ponts pour franchir les cours d'eau ou les routes. C'était
alors une œuvre immense et sans précédent. L'activité qu'il y eut
lieu de déployer semble avoir dû dépasser les forces d'un homme.
Cependant Stéphenson employait en outre ses soirées à dresser dans
de longues conversations le personnel dirigeant placé sous ses
ordres. Il interrogait ses jeunes collaborateurs, et, dès qu'il les
voyait se jeter dans des explications vagues, il les arrêtait court :
« Allons, vous n'y entendez goutte ! Réfléchissez à cela, et ne me
répondez que quand vous aurez compris. » Lorsque arrivaient des
réponses mieux méditées, il les complétait par des explications
claires et des exemples précis. Souvent il leur répétait en manière
de conclusion : « Apprenez par vous-mêmes ; pensez pour vous ;
rendez-vous maîtres des principes ; soyez persévérants et laborieux,
et je ne suis pas inquiet de votre avenir. » Il avait raison ; car de
son personnel sont sortis un grand nombre d'ingénieurs distingués :
l'ancien ouvrier mécanicien de Willington leur avait imprimé un
cachet tout spécial de distinction professionnelle. Parfois aussi il
interrompait ces graves entretiens par des conversations où reve-
naient fréquemment des épisodes de sa vie. Souvent, après avoir
évoqué le souvenir de ses luttes et de ses détresses : « Ah ! mes gars,
s'écriait-il, vous ne savez pas, en ce temps-ci, ce que c'est que la
peine. » Ce qui étonnait ceux qui lui servaient de secrétaires, c'était
la clarté, la vigueur et l'élégante précision des travaux qu'il leur
dictait. Cet homme, qui jusqu'à dix-huit ans ne savait même pas
lire, qui après cette époque s'était instruit lui-même au milieu des
labeurs incessants de sa profession, savait dire avec sobriété, avec
netteté, ce qu'exigeaient les grandes affaires dont il avait la res-
ponsabilité.

Cependant les travaux du chemin de fer avançaient, et Georges
Stéphenson, absorbé par cette grande entreprise, n'avait pu surveiller par lui-même son usine de Newcastle. Heureusement son
meilleur collaborateur, Robert Stéphenson, vint à son secours.
Il était absent, depuis 1824, pour un voyage en Colombie où

l'avaient appelé des affaires industrielles; il revint à Newcastle en novembre 1827, et en peu de temps il eut remis les choses en bon état. Bientôt après se posa une importante question : quel système de traction allait-on employer sur le chemin de fer de Liverpool à Manchester? Croirait-on aujourd'hui qu'à cette époque pas un seul ingénieur quelque peu connu n'appuyait Georges Stéphenson lorsqu'il insistait pour l'emploi des machines locomotives? Avec une conviction inébranlable il proclamait seul que dans peu d'années les chemins de fer à locomotives seraient devenus les grandes routes du monde.

Enfin, ébranlés par ses arguments et son imperturbable confiance, les directeurs du nouveau chemin de fer résolurent d'offrir un prix de 12500 francs pour la meilleure locomotive qui, à un jour dit, serait produite sur le chemin de fer. Les conditions de ce concours furent soigneusement fixées. Les machines devaient être prêtes, au lieu désigné, le 1er octobre 1829.

Georges et Robert Stéphenson se préparèrent à soutenir cette lutte mémorable. Ils étaient très préoccupés de modifier la disposition de leur chaudière de façon que l'eau, chauffée sur une plus grande surface, produisît la vapeur en plus grande quantité et à plus haute pression. C'est à ce moment que Marc Séguin, ingénieur du chemin de fer de Lyon à Saint-Étienne, en France, eut l'idée de sa *chaudière tubulaire*. Le problème était dès lors résolu. Voici, en effet, ce qu'est cette heureuse invention. Le foyer de la locomotive étant en arrière, la chaudière est placée à côté et plus haut, entre lui et la base de la cheminée. Séguin y établit un grand nombre de tubes horizontaux qui traversent la chaudière dans toutes ses parties; il conduit l'air chaud du foyer, à travers la chaudière, jusqu'à la cheminée; de cette façon l'eau de la chaudière se trouve traversée par un grand nombre de colonnes horizontales pleines d'air à très haute température : la surface de chauffe est ainsi considérablement augmentée. La production de la vapeur en est énormément accrue, et avec elle la puissance de la machine. Les Stéphenson adoptèrent l'invention de l'ingénieur français, et construisirent sur ce plan la célèbre locomotive qu'ils appelèrent *the Rocket*, ou, en français, *la Fusée*.

§ 9. — Le triomphe des Stéphenson

L'époque fixée pour le concours approchait; la *Fusée* était achevée. Elle fut placée sur le chemin de fer de Killingworth pour être essayée. Robert, le soir même, dépêcha à son père une lettre pour

lui annoncer que la machine était en bon état, qu'elle serait prête
à fonctionner le jour du concours. Le lieu désigné était un plateau
situé près de Liverpool, qui présente sur une longueur de plus de
trois kilomètres une horizontalité parfaite. Le concours fut indiqué
pour le 6 octobre. Trois machines se présentèrent en concurrence
avec celle des Stéphenson; par suite de quelques avaries produites
dans deux de ces dernières machines, les épreuves ne purent avoir
lieu que le 14. La *Fusée* remplit seule toutes les conditions du
programme, et cela sans avoir une seule fois manqué au service.
Le prix fut décerné aux Stéphenson; ils tinrent à prouver qu'après
cette brillante série d'épreuves leur machine était aussi vaillante
qu'au début; ils la firent reparaître sur la voie ferrée, libre de
toute charge, et, au milieu de l'enthousiasme des spectateurs, ils
lui firent parcourir deux fois l'espace assigné avec une vitesse de
cinquante-six kilomètres à l'heure.

Les Stéphenson, loin de regarder leur victoire comme définitive,
ne cessèrent de perfectionner leurs machines à mesure qu'ils en
construisaient de nouvelles. Le premier voyage complet entre Liverpool et Manchester eut lieu le 14 juin 1830. La machine *la Flèche*
fit le trajet en une heure et demie. Chargée de son convoi, elle
avait atteint une vitesse de quarante-trois kilomètres à l'heure. La
compagnie crut alors devoir changer ses projets. Elle avait eu
d'abord en vue le transport des marchandises; mais, disposant de
pareilles vitesses, elle songea principalement au transport des
voyageurs.

« Enfin la ligne était achevée et prête pour la cérémonie d'ouverture, qui eut lieu le 15 septembre 1830, en présence d'un
immense concours de spectateurs. Parmi les célébrités qui y assis-
tèrent on remarquait le duc de Wellington, alors premier ministre,
et sir Robert Peel. Huit locomotives sorties de l'usine des Stéphenson, et éprouvées plusieurs semaines auparavant, avaient été
placées sur la ligne. Les différents trains pouvaient contenir environ six cents personnes. Le passage des convois fut accueilli par les
hourras de plusieurs milliers de spectateurs tout le long de la route,
à la profonde tranchée du mont Olive, au plan incliné de Sutton,
au grand viaduc de Sankey, sous lequel la population s'était
assemblée en foule. Là tous les sentiers étaient encombrés de voitures; la rivière avait disparu sous le nombre des barques, et toute
cette population contemplait dans l'admiration et la stupeur les
trains qui passaient loin au-dessus des têtes, avec une vitesse de
quelque quarante kilomètres à l'heure. »

Depuis ce jour, le chemin de fer fut livré au public, et les recettes
dues au transport des voyageurs furent pendant assez longtemps

supérieures à celles du transit des marchandises. La moyenne fut immédiatement de douze cents voyageurs par jour.

La mise en exploitation du chemin de fer de Liverpool à Manchester est remarquable parce qu'elle mit les Stéphenson en demeure d'imaginer et de réaliser tout ce qui constitue le matériel de la voie : les plaques tournantes perfectionnées, pour passer les machines et les wagons de la voie où ils sont sur une voie latérale parallèle; les systèmes d'aiguilles qui permettent les changements de voie aux entre-croisements; les signaux qui, le jour ou la nuit, transmettent les avis ou les ordres de service à la distance où les yeux peuvent les distinguer; puis la forme et la disposition des rails, leur mode de fixation sur des traverses en bois; le relief du terrain qui porte la voie, et le service de surveillance et d'entretien. Ils ne mirent pas moins de soin à créer le matériel roulant, c'est-à-dire les voitures destinées aux voyageurs et les fourgons appropriés au transport des divers genres de marchandises, des chevaux et du bétail. Il est bien évident que toutes ces parties du matériel des chemins de fer ont subi, selon les pays et avec le temps, bien des modifications, et ont reçu bien des perfectionnements; mais il est juste de reconnaître que les Stéphenson en ont fixé les dispositions essentielles. Ce fut là un immense travail.

§ 10. — L'EXTENSION DES CHEMINS DE FER

Jusqu'en 1830 Georges et Robert Stéphenson avaient marché à leur but au milieu de l'indifférence ou de l'incrédulité publiques. Ils avaient eu contre eux l'hostilité intéressée des propriétaires fonciers et des fermiers des routes; ils avaient été systématiquement combattus par tous les ingénieurs jouissant de quelque notoriété. Animé à leur égard d'une méfiance railleuse, le parlement n'avait consenti que de mauvaise grâce à autoriser leurs entreprises. Mais le succès du chemin de fer de Liverpool à Manchester constituait une de ces démonstrations qui finissent toujours par réagir fortement sur l'opinion. Il ne s'agissait plus de discuter : il suffisait d'aller voir et de constater ce qui se faisait chaque jour. Aussi les dispositions de toutes les classes de la nation furent bien vite changées. Les projets de lignes de chemin de fer se multiplièrent. Deux ans après on posait la première pierre de celui de Londres à Birmingham. Surchargé d'occupations, Georges Stéphenson déclara qu'en conscience il ne pouvait être l'ingénieur de cette grande ligne; mais il fit agréer à sa place son fils Robert, qui n'avait pas encore trente ans. La ligne avait une longueur de 180 kilomètres; elle exigea des travaux d'art considérables. Jamais on n'en avait encore

exécuté de pareils; Robert ne fut pas moins heureux dans son
œuvre que son père.

Il ne tarda pas à se manifester un véritable engouement pour
ces vastes entreprises. « Hâtons-nous, Messieurs, hâtons-nous,
disait, en 1834, Robert Peel, alors premier ministre; il est indispensable d'établir d'un bout à l'autre de ce royaume des communications, si l'Angleterre veut maintenir dans le monde son
rang et sa supériorité. » Cet appel fut si bien entendu, que dix ans
après l'Angleterre en arrivait à cette période que l'on a nommée la
fureur des chemins de fer. Des spéculations effrénées s'étaient em-
parées de cette belle question d'économie industrielle. Mais l'Angleterre avait répondu à la voix de son grand homme d'État; elle
avait conquis le premier rang dans la voie des grandes communications commerciales.

Parmi tous les pays étrangers, un seul suivait d'un œil attentif
ce grand mouvement de l'industrie anglaise. Ce n'était pas le plus
voisin, mais c'était celui qui se rattachait à la Grande-Bretagne par
les liens les plus intimes: je veux dire l'Union américaine, le pays
d'Olivier Evans. Bien qu'entraînés par les besoins de leur situation
à résoudre avant tout le problème des bateaux à vapeur, les Américains n'avaient pas complètement perdu de vue les chemins de fer
et les locomotives. L'annonce du fameux concours d'octobre 1829
détermina plusieurs d'entre eux à faire le voyage d'Angleterre pour
assister à cette grande expérience. Ils en rapportèrent la conviction
qu'il fallait créer aux États-Unis des voies ferrées, comme on en
créait en Angleterre. En peu de temps ces projets furent mis à
exécution, et les années 1831, 1832, jusqu'en 1836, virent naître
de nombreux types de locomotives appropriées aux conditions spéciales d'un territoire vaste et fraîchement défriché. Ce mouvement
fut enrayé pendant trois années par la crise industrielle de cette
époque. Mais, en 1840, il reprit avec une vive intensité. Les
Américains jusque-là avaient surtout construit de petites machines
pour des voies ferrées très légèrement établies. L'exemple de l'Angleterre les ramena à des idées plus justes. Ils reconnurent que les
lignes de railways les plus solides et les machines les plus puissantes donnaient en réalité les services les plus économiques.

En Europe ce fut l'Allemagne qui se montra d'abord jalouse
d'imiter les Anglo-Saxons. La première ligne ouverte au parcours
des locomotives fut celle de Furth à Nuremberg. Puis vint la
Belgique, qui dès 1837 ouvrit la première ligne de son réseau de
chemins de fer, celle de Bruxelles à Mechlin. Elle eut l'honneur de
précéder dans l'exécution d'un réseau ferré tous les autres États du
continent européen.

Quant à la France, elle traversait, en 1830, une de ces crises politiques dont à notre époque elle a souffert tous les quinze ou vingt ans. Le retentissement de cette commotion se fit sentir pendant plusieurs années, et lorsqu'elle s'aperçut du grand mouvement qui entraînait nos rivaux d'outre-Manche, elle manifesta à son tour l'incrédulité gouailleuse avec laquelle les Anglais avaient si opiniâtrément accueilli pendant des années les efforts persévérants de Georges Stéphenson. Les chambres françaises, malgré le témoignage des faits, ne furent pas mieux inspirées que ne l'avait été le parlement anglais sept ou huit ans auparavant. En 1834, Thiers se faisait applaudir en laissant tomber de la tribune ces paroles dédaigneuses, qui semblent aujourd'hui le comble de l'aveuglement chez un grand homme d'État. « Les chemins de fer ne sont bons qu'à servir de jouets aux curieux d'une capitale, ou de moyens de transport dans quelques cas exceptionnels. Il n'y a pas aujourd'hui huit ou dix lieues de chemins de fer en construction en France, et, pour mon compte, si on venait m'assurer qu'on en fera cinq par année, je me tiendrais pour fort heureux. »

Néanmoins, en 1842, il ne s'agissait plus de faire en France cinq lieues de chemin de fer par an. Les chambres françaises, après de longues discussions, votaient une loi qui a servi à l'établissement du vaste réseau de grandes lignes dont elle est couverte. En 1855, il existait dans notre pays assez de lignes ferrées pour que leur longueur, développée sur une seule ligne, dût être estimée à cinq mille kilomètres.

Rendons hommage en terminant à l'admirable sagacité de deux des hommes qui ont joué un grand rôle dans l'invention des chemins de fer. Dans les premières années du xix° siècle, Olivier Evans, l'inventeur de la machine à vapeur à haute pression, ne craignait pas de prononcer publiquement cette merveilleuse prophétie : « Je ne doute pas que mes machines n'arrivent à faire marcher les bateaux contre le courant du Mississipi, et des voitures sur les grandes routes, le tout au grand profit du public. Le temps viendra où l'on voyagera d'une ville à l'autre avec des voitures mues par des machines à vapeur et marchant aussi vite que les oiseaux peuvent voler, quinze à vingt milles (24 à 32 kilomètres) à l'heure. Une voiture partant de Washington le matin, les voyageurs déjeuneront à Baltimore, dîneront à Philadelphie et souperont à New-York le même jour... Conformément aux prédictions faites, il y aura alors bien des années. »

Écoutons maintenant Georges Stéphenson. Quelques jours avant l'ouverture du chemin de fer de Darlington, il fit, avec son fils Robert et un jeune aide, une tournée d'inspection, et ils dînèrent tous trois dans une auberge à Stockton. Georges Stéphenson, confiant dans le succès de l'épreuve qui se préparait, voulut boire avec ses jeunes compagnons au succès du chemin de fer; puis, ému d'une sorte d'enthousiasme pour tout ce qu'il entrevoyait dans l'avenir, il ajouta : « Mes amis, j'ai la ferme conviction que vous vivrez assez longtemps pour voir tous les moyens de transport employés dans ce pays remplacés par le chemin de fer; que vous verrez le jour où les malles-postes voyageront par rails, et où le chemin de fer deviendra la grande route du roi et de tous ses sujets. Bientôt il coûtera moins cher à l'artisan de voyager en chemin de fer que de voyager à pied. Je sais qu'il faudra surmonter des obstacles formidables, mais ce que je prédis arrivera aussi certainement que vous vivez. Je voudrais moi-même vivre assez de temps pour le voir, mais je n'ose l'espérer; je connais trop bien la lenteur avec laquelle les hommes se laissent entraîner dans la voie du progrès. » Ainsi parlait Georges Stéphenson en septembre 1825, et il ne se trompait que sur un point. Il réussit plus rapidement qu'il ne croyait à entraîner ses contemporains. Il mourut le 12 août 1848, et son fils le suivit au tombeau onze ans plus tard. Le père et le fils avaient vu réalisé, dans toute sa plénitude, cet avenir merveilleux si sûrement annoncé dans la modeste auberge de Stockton.

CHAPITRE X

LE DAGUERRÉOTYPE ET LA PHOTOGRAPHIE

§ 1. — LE SOLEIL COLORISTE ET DESSINATEUR

Avez-vous quelquefois regardé un paysage par une nuit étoilée et sans lune? Avez-vous remarqué que, si l'on distingue encore les objets, ils ont perdu leurs couleurs? Une teinte uniforme a remplacé la variété de tons qui charmait nos yeux; tous les objets sont revêtus des diverses nuances comprises entre le gris et le noir. Que la lune vienne jeter sur ce paysage ses pâles lueurs, des tons bleuâtres apparaissent, et de larges touches d'un blanc argenté brillent au milieu des masses plus ou moins sombres; mais dès que le soleil se lève les couleurs reparaissent, et leur merveilleuse diversité se révèle nettement à mesure que l'astre brille plus haut dans le ciel, en même temps que la chaleur se répand dans l'atmosphère. Il est évident que le soleil verse sur nous à la fois de la lumière et de la chaleur; les rayons qu'il nous envoie sont donc au moins de deux natures; il y a ce que les physiciens appellent les *rayons lumineux* et les *rayons calorifiques*.

Mais il y a plus encore : le soleil agit sur certaines couleurs de façon à les altérer. Tout le monde sait qu'il est des étoffes teintes qui passent de couleur à la lumière. Quelques-unes, beaucoup plus rares, s'avivent et prennent une nuance plus accusée sous l'influence du soleil; la cire perd sa teinte roussâtre et devient plus blanche lorsqu'on l'expose à la lumière solaire. Ces changements se produisent avec plus ou moins de lenteur, mais ils sont constants, et parfois l'étoffe elle-même est attaquée par une longue exposition au soleil. En un mot, le soleil altère et fait varier de nuance certaines matières colorantes; il *mange* la couleur, et souvent on ajoute avec raison qu'il *ronge* avec le temps les étoffes.

Ce sont là des altérations durables, des modifications permanentes produites sur les matières colorantes ou textiles; ce sont là des changements dans la nature de ces corps; c'est ce que l'on appelle des *phénomènes chimiques*. Il faut en conclure que la lumière solaire possède une troisième sorte de rayons, que l'on appelle les *rayons chimiques;* ceux-ci ne se voient pas comme les rayons lumineux, ils ne se sentent pas comme les rayons calorifiques, mais ils agissent sur les corps que le soleil éclaire, et leur action est beaucoup plus étendue que l'on ne croit.

Voulez-vous vous rendre compte de cette action ? Allez dans un jardin potager; regardez-y une planche de chicorée sauvage, vous admirerez la belle couleur verte des feuilles que l'on cueillera quelque jour pour les manger en salade. Qui leur a donné cette couleur? Me croirez-vous si je vous dis que c'est le soleil? Sans lui les feuilles se seraient développées à peu près telles que vous les voyez, mais elles auraient été blanches ou jaunâtres, sans trace de matière verte. Demandez au jardinier de vous conduire dans la cave bien close où il cultive ce qu'on appelle communément la *barbe-de-capucin;* là vous verrez de la chicorée que le soleil n'a pas colorée, car la salade dite barbe-de-capucin n'est pas autre chose que de la chicorée étiolée. Ainsi ces rayons solaires qui tout à l'heure mangeaient les couleurs, savent aussi en produire; toute la verdure qui revêt la campagne est son œuvre, et les fleurs se colorent aussi sous son influence.

Puis voyez encore les fruits : regardez, le long d'un vaste espalier, un pêcher soigneusement étalé sur le mur; on l'y fixe ainsi branche par branche en retranchant toutes celles qui ne pourraient se diriger contre le mur, afin d'exposer toutes les parties de l'arbre au soleil; quand les pêches approcheront de leur maturité, sur les points que le soleil a le mieux caressés vous verrez naître peu à peu une belle coloration rouge, due à l'action chimique de ses rayons. Voyez, en effet, les pêches qui par hasard ont été abritées par quelques feuilles : la coloration rouge n'y apparaît pas; elles mûrissent néanmoins, mais le coup de pinceau du soleil ne les décore pas. Le résultat de cette action solaire est beaucoup plus curieux si une pêche exposée au soleil est en même temps abritée par une feuille isolée; alors la couleur rouge se développe partout où les rayons du soleil sont librement venus sur le fruit mûrissant; mais elle fait défaut sous l'ombre de la feuille. Son image pâle, mais nettement tracée, se voit distinctement; le soleil est alors coloriste et dessinateur.

Il est ainsi dans la nature un certain nombre de corps sur lesquels le soleil agit chimiquement. Prenez une pièce d'argent de vingt centimes, par exemple, et mettez-la dans un verre où vous aurez versé de l'eau, puis une petite quantité d'acide nitrique (ou azotique, celui qui constitue l'eau forte employée par les graveurs). Dès que l'acide nitrique est versé, de petites bulles semblent naître à la surface de la pièce d'argent; on dirait que le liquide bout autour d'elle, et en même temps elle semble fondre et elle se dissout, en effet, bientôt dans le liquide. C'est que l'argent s'est combiné avec l'acide nitrique et s'est transformé en un nouveau corps appelé *nitrate* ou *azotate d'argent;* le liquide est alors devenu une solution de nitrate d'argent dans l'eau. Il a pris une saveur amère extrêmement désagréable qui est le goût de ce sel d'argent, connu en médecine sous le nom de *pierre infernale*, parce qu'il décompose et détruit les tissus organisés. Le nitrate d'argent est extrêmement impressionnable à l'action des rayons solaires. Si l'on dépose une goutte de cette solution sur la peau de la main, celle-ci ne tarde pas à se colorer en noir. Si on humecte du papier avec ce même liquide, et si on le fait sécher à la lumière, le papier se colore d'abord en gris, puis en violet, et enfin en noir. Si, au contraire, on le sèche dans l'obscurité, il ne se colore pas; mais dès qu'on l'expose au jour il prend une teinte qui tourne au noir. En un mot, ce papier est *sensible* à l'action de la lumière : il est, comme on dit, *sensibilisé*. Cela tient en réalité à ce que la pâte du papier est pénétrée de nitrate d'argent, qui noircit sous l'influence chimique des rayons solaires. Le chlorure d'argent (composé de chlore et d'argent), l'iodure d'argent (iode et argent), le bromure d'argent (brome et argent) se conduisent de même.

On tire parti de cette propriété pour marquer le linge d'une manière indélébile; on se sert pour cela d'un liquide incolore, d'une *eau*, comme l'on dit souvent, qui, en séchant, tache le linge en noir; aussi l'appelle-t-on plus souvent *encre ineffaçable*. Elle se compose en réalité d'une certaine quantité d'eau dans laquelle on a fait fondre le quart de son poids de nitrate d'argent, et assez de gomme arabique pour la rendre épaisse. Pour marquer le linge, on a souvent une petite planchette portant en relief les deux ou trois lettres qui composent la marque; on humecte avec l'encre ineffaçable ces caractères saillants et on imprime sur le linge. On ne voit d'abord aucun caractère; mais à mesure que le linge sèche on les voit apparaître en noir.

§ 2. — PREMIERS ESSAIS DE DESSINS TRACÉS PAR LA LUMIÈRE

Vers 1832, deux chimistes anglais utilisèrent le papier sensibilisé au nitrate d'argent pour obtenir des dessins sans le concours de la main de l'homme. C'étaient le célèbre Humphry Davy et Wedgewood, le fils du fameux fabricant de porcelaines anglaises. Leur procédé était fort simple : sur une feuille de papier imprégnée d'azotate d'argent ils plaçaient, par exemple, une feuille d'arbre, puis ils les appliquaient l'une sur l'autre en superposant une lame de verre. Le tout était exposé à la lumière : peu à peu on voyait noircir toutes les parties du papier que la feuille ne couvrait pas, tandis que celles qu'elle recouvrait demeuraient blanches. On avait ainsi une silhouette merveilleusement fine et se détachant en blanc sur un fond noir. Malheureusement ce dessin si intéressant était essentiellement éphémère; il ne fallait le regarder que dans un endroit sombre; si cette épreuve demeurait exposée à la lumière, peu à peu la silhouette blanche se colorait en gris, la nuance tournait de plus en plus au foncé, et au bout d'un certain temps la feuille de papier, devenue partout également noire, ne gardait plus trace du dessin. Wedgewood et Davy essayèrent en vain un grand nombre de substances pour fixer ce dessin fugitif. Tous leurs efforts furent inutiles; la lumière gravait l'image, puis elle se chargeait de l'effacer.

On leur doit d'autres essais assez curieux, mais moins heureux encore. Il existe parmi les appareils d'optique un fort curieux instrument nommé la *chambre noire* ou *chambre obscure*. Il a pour origine d'ingénieuses expériences faites au XVIᵉ siècle par le physicien italien Porta. Il avait fait construire dans sa maison une chambre que l'on pouvait fermer complètement au moyen de volets;

les observateurs se trouvaient donc plongés dans l'obscurité; mais un des volets, faisant face à un mur soigneusement blanchi, était percé d'une ouverture étroite par laquelle pouvaient pénétrer les rayons de lumière venant du dehors. Les choses ainsi disposées, s'il fait du soleil, on aperçoit nettement sur la muraille faisant face au volet percé l'image des objets extérieurs; mais ils sont rapetissés et renversés, c'est-à-dire que les objets inférieurs apparaissent dans la partie supérieure du mur, et réciproquement. Cette chambre émerveillait les contemporains de Porta, et comme il

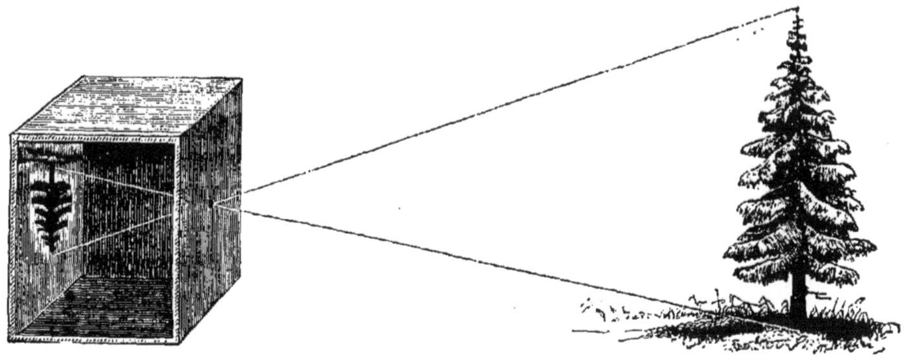

Fig. 40. — Disposition de la chambre noire.

On a indiqué par deux traits la marche des rayons extrêmes qui vont former sur l'écran les images des extrémités d'un objet extérieur.

admit pendant longtemps les curieux à jouir de cette belle expérience, il la rendit véritablement populaire.

Pour la répéter plus facilement, on remplaça la chambre par une petite boîte dont une des parois est percée vers son milieu d'un petit trou. La paroi opposée fut formée d'un châssis mobile dans deux coulisses et portant soit un papier blanc bien tendu, soit un verre dépoli. C'est sur cet écran de papier ou de verre que du dehors on peut voir par transparence l'image formée dans la chambre noire. Il suffit pour cela que l'observateur se couvre la tête d'un morceau d'étoffe noire qui abrite aussi la partie postérieure de la boîte; ainsi encapuchonné, et n'étant plus offusqué par la lumière du jour, il jouit complètement du spectacle que lui offre l'écran de la chambre noire. L'image qui apparaît dans ce curieux instrument est devenue beaucoup plus belle depuis que, dans le petit trou de la paroi opposée, on a placé une lentille de verre à travers laquelle passe la lumière pour pénétrer dans l'appareil. On verra dans la figure 40 quelle est la marche des rayons lumineux dans une chambre noire construite d'après celle de Porta, et on se rendra compte du renversement qui a lieu dans la production de l'image.

Cette image, qui semble une sorte de spectre coloré de tout un ensemble d'objets, a quelque chose de mystérieux, de doux et de fin à l'œil, qui la rend fort agréable à contempler. Aussi l'on peut dire que tous les physiciens du xvii⁰ et du xviii⁰ siècle ont regretté de ne pouvoir la fixer et en reproduire des épreuves à volonté. Nous verrons bientôt que l'invention de la photographie a pleinement réalisé ce rêve de nos pères. Wedgewood et Davy eurent un moment l'espoir de recueillir l'image de la chambre noire sur un papier sensibilisé à l'azotate d'argent; mais, hélas ! ils eurent beau placer un papier de ce genre sur la paroi où elle venait se former, ils eurent beau l'y laisser des heures entières, aucune trace de l'action de la lumière n'apparut, et après bien des essais ils y renoncèrent. Ils ignoraient qu'au moment même où ils désespéraient de résoudre ce curieux problème, dans le fond d'une des provinces de la France un homme avait trouvé le secret tant cherché.

§ 3. — Nicéphore Niepce et l'héliographie

Depuis 1801 était revenu se fixer à Châlons-sur-Saône un ancien administrateur du district de Nice, ancien officier de la fameuse armée d'Italie. Il était âgé de trente-six ans et rentrait dans sa ville natale pour y jouir de sa petite fortune, en cultivant les arts mécaniques avec son frère, Claude Niepce, particulièrement versé dans ce genre de connaissances. Ils produisirent, en effet, plusieurs travaux d'une assez grande valeur, lorsque, vers 1813, la lithographie, inventée plus de vingt ans auparavant, en Allemagne, par Aloïs Senefelder, fut introduite en France par le comte Charles-Philibert de Lasteyrie. Cette nouveauté attira vivement l'attention des deux frères Niepce. Ils s'étudièrent à obtenir des épreuves lithographiques au moyen de pierres assez compactes de leur pays; ils n'arrivèrent à aucun résultat, mais Nicéphore Niepce s'obstina dans ses tentatives. Voyant que la pierre qu'il employait était impropre, il eut l'idée de faire ses dessins sur des plaques de métal poli; enfin, cherchant un peu dans toutes les directions, n'ayant pour guides que le hasard et une opiniâtre persévérance, il se proposa de reproduire sur ses plaques métalliques des gravures avec l'aide de la lumière solaire. Il ignorait d'ailleurs que des recherches de ce genre avaient été entreprises : aussi prit-il la question d'une façon toute particulière.

Il existe une matière résineuse noire que tous les peintres connaissent sous le nom de *bitume de Judée*. Ce bitume ou asphalte se récolte, en effet, sur les bords du lac Asphaltite ou mer Morte; il vient aussi des rivages de la mer Caspienne et de plusieurs autres parties du Levant. Comme la plupart des matières résineuses, le bitume de Judée se dissout dans les essences de térébenthine ou de lavande, dans le pétrole, dans l'éther, etc.; mais si l'on répand sur une plaque métallique une couche d'une solution de ce genre, et si on la laisse sécher, il reste une couche mince et solide de bitume qui ne noircit pas à la lumière; cette couche asphaltique a été modifiée chimiquement par les rayons lumineux; car ce bitume, qui est grisâtre et non pas noir, ne se dissout plus dans les essences de térébenthine ou de lavande. Tout ceci, Nicéphore Niepce n'avait pas eu lieu de le découvrir, car tous les peintres le savaient déjà, et c'est d'eux qu'il l'avait appris.

Mais ce qui fut une idée originale de Nicéphore Niepce, ce fut d'utiliser ces propriétés du bitume de Judée pour la reproduction des gravures. Voici comment il opérait : il vernissait l'envers d'une estampe de gravure; le vernis lui donnait une certaine transparence. Il préparait d'autre part une lame d'étain en la recouvrant d'une couche de bitume de Judée; mais il avait soin de ne pas la laisser exposée à la lumière pendant qu'elle séchait. Puis il appliquait sur la plaque métallique l'estampe vernie au verso, et il exposait le tout à la lumière du soleil. Celle-ci agissait inégalement sur la couche de bitume; elle lui arrivait, en effet, à travers l'estampe vernie; or celle-ci était chargée de parties noires dues à l'encre d'imprimerie et destinées à faire les ombres; dans les lumières, au contraire, le papier était à nu et par conséquent transparent. Les parties noires de la gravure arrêtaient donc les rayons lumineux, qui passaient sans obstacle à travers les parties blanches. L'exposition de la plaque, doublée de l'estampe, durait plusieurs heures; au bout de ce temps, la couche de bitume avait complètement cessé d'être homogène. A l'abri des parties noires de la gravure restait le bitume noir et non modifié; sous les parties blanches il était, au contraire, devenu grisâtre et altéré par la lumière. Si Niepce avait laissé sa plaque dans cet état, exposée à la lumière, elle eût été attaquée peu à peu dans les parties noires, et l'épreuve préparée par le soleil eût été détruite par lui. Mais c'est ici qu'apparaît l'idée essentielle dont il faut faire honneur à Nicéphore Niepce. Il sut trouver le moyen de fixer le travail de la lumière avant que celle-ci eût le temps de le détruire; il tira profit de la solubilité du bitume noir dans l'essence de lavande, et de l'insolubilité, dans cette même essence, du bitume gris modifié par la lumière.

Au moment où, après l'exposition au soleil, il séparait de la gravure la plaque d'étain bituminée, il se hâtait de laver celle-ci dans l'essence de lavande. Cette essence dissolvait et entraînait avec elle toutes les parties de bitume restées noires : c'étaient celles qui correspondaient aux ombres ; quant aux parties grises, l'essence de lavande n'avait aucune action sur elles, pas plus que la lumière. Par conséquent la plaque d'étain était à l'abri de toute altération extérieure.

Venait alors une autre opération. Nicéphore Niepce versait sur cette plaque un acide, comme l'eau-forte, et le laissait agir sur le métal. Aux endroits correspondant aux ombres, le métal se trouvait à nu ; l'acide l'attaquait sans peine, tandis que les parties correspondant aux lumières demeuraient protégées par le bitume gris, qui résistait à l'action de l'acide. C'était, en un mot, une gravure à l'eau-forte selon le procédé employé par tous les graveurs. Cela fait, on nettoyait la planche d'étain de façon à la débarrasser et de l'acide et du bitume qui restait. Niepce obtenait ainsi une planche telle qu'un graveur l'aurait produite ; cette planche portait des creux plus ou moins profonds dans les parties ombrées, tandis que le métal était intact dans les parties claires. Pour tirer une épreuve, il suffisait de passer sur la planche un rouleau chargé d'encre d'imprimerie ; l'encre remplissait les creux et ne restait point sur les parties saillantes du métal. En imprimant sur une feuille de papier la planche ainsi chargée, on obtenait une épreuve. C'est le procédé usité dans l'art de la gravure.

En un mot, dans cette curieuse invention, Nicéphore Niepce faisait graver par le soleil une planche d'après une estampe ; cette planche lui permettait d'obtenir un grand nombre d'épreuves de la gravure prise pour modèle ; comme c'était le soleil qui gravait lui-même dans ce procédé, Niepce lui donna le nom d'*héliographie*. Ce mot, tiré du grec, veut dire *gravure par le soleil*. On possède encore aujourd'hui des plaques héliographiques obtenues par l'inventeur dès 1820 et 1821. Du reste l'héliographie, basée sur les moyens qui viennent d'être indiqués, est encore en usage au moins pour l'impression de certains billets de banque.

En 1824, Nicéphore Niepce tenta d'appliquer son procédé à la reproduction des objets naturels. Il faut le reconnaître, le résultat fut peu satisfaisant. Il eut encore recours à la chambre noire. Il disposait au fond de cet appareil une plaque préparée de la manière suivante : c'était une lame de plaqué, c'est-à-dire de cuivre recouvert d'argent ; sur cette lame il déposait une couche de bitume de Judée, et il laissait pendant des heures l'image de la chambre noire se former sur cette couche sensible ; ensuite il lavait la plaque avec un mélange d'essences de lavande et de pétrole : les choses se passaient comme dans le cas précédent. On avait alors une plaque où les ombres étaient formées par la surface argentée mise à nu, et les clairs, par l'enduit blanchâtre de bitume. Il y avait donc peu de différence entre les noirs et les blancs; c'était un dessin grisâtre absolument dépourvu de fermeté; mais ce qui augmentait beaucoup l'imperfection du dessin, c'était la lenteur même de l'opération. Il fallait dix heures d'exposition dans la chambre noire pour obtenir une épreuve; or pendant dix heures le soleil se déplace d'une façon très sensible, avec lui se déplacent les ombres et les lumières: c'était là surtout la cause de la mollesse et de l'incertitude de l'image obtenue. En un mot, le bitume de Judée était une substance beaucoup trop paresseuse. Néanmoins le procédé propre à reproduire et à fixer les images que donne la lumière dans la chambre noire était en réalité trouvé; la tentative de Nicéphore Niepce avait abouti huit ans avant l'époque où Wedgewood et Davy cherchaient encore ce merveilleux secret.

Découragé cependant par l'imperfection de ses premiers résultats, Niepce revint à l'héliographie et s'en occupa à peu près exclusivement jusqu'en 1829.

§ 4. — LE DAGUERRÉOTYPE

Depuis le 11 juillet 1822 était ouvert à Paris un établissement qui, sous le nom de Diorama, excitait vivement la curiosité. On y exposait aux regards du public, dans une salle très faiblement éclairée, deux tableaux qui se succédaient devant les spectateurs : l'un représentait la *Vallée de Goldau*, en Suisse; l'autre, la *Cathédrale de Cantorbéry*, en Angleterre. Ces tableaux se présentaient comme un fond de théâtre bien éclairé devant une salle en demi-obscurité. L'éclairage variait tour à tour, intense par moments, plus discret dans d'autres. Pendant ces périodes semi-obscures, le tableau se modifiait peu à peu, et quand revenait la lumière, il avait éprouvé des changements souvent considérables. C'est ainsi que l'on voyait d'abord la vallée de Goldau riante avec son village gracieusement étendu au bord du lac; puis, après quelques moments d'éclairage incertain, le jour, revenant, montrait l'affreux éboulement qui avait enfoui le village et roulé de gros quartiers de roche jusque dans les eaux du lac. Plus tard on vit, au même établissement, la *Messe de minuit* à Saint-Pierre de Rome et la *Basilique de Sainte-Marie;* ces belles exhibitions durèrent jusqu'au 8 mars 1839. Un incendie détruisit alors le Diorama et les belles

toiles qu'il renfermait. Elles étaient dues à deux artistes nommés
Daguerre et Bouton. Daguerre était d'ailleurs connu auparavant
comme un habile peintre de décors. On avait particulièrement admiré plus d'un chef-d'œuvre de lui au théâtre de l'Ambigu-Comique
et sur la scène du grand Opéra. Il était originaire de Cormeilles
(Seine-et-Oise). En 1822, il avait trente-cinq ans. Pour installer le
Diorama, il avait été amené à étudier les divers modes d'éclairage
et les principales propriétés de la lumière : il avait connu la
chambre noire et admiré les beaux tableaux que la lumière vient
peindre avec tant de perfection sur le, verre dépoli. Comme tant
d'autres, il s'était épris du désir de fixer en des tableaux perma-
nents ces images fugitives. Après des recherches persévérantes, il
n'avait pas réussi, et il cherchait encore. Dans les premiers jours de
janvier 1828, il reçut une singulière communication de M. Chevalier, opticien à Paris. La veille, M. Chevalier avait eu la visite d'un
officier supérieur de passage à Paris, qui venait lui acheter un
prisme ménisque récemment inventé par lui. Cet achat était destiné
à un parent de l'officier, qui habitait la province et s'occupait, depuis douze ans, de recherches sur la lumière. Dans le cours de la
conversation, l'officier annonça que son parent avait trouvé le
moyen de reproduire des gravures par la lumière, et même de
recueillir dans là chambre noire l'image durable des objets extérieurs. Sachant avec quelle ténacité et avec quel insuccès Daguerre
poursuivait le même résultat, M. Chevalier s'empressait de l'en
prévenir. A cette nouvelle imprévue, Daguerre, vivement ému,
entra immédiatement en relations avec l'heureux possesseur d'un
secret qui lui avait si obstinément échappé. On devine qu'il s'agissait de Nicéphore Niepce. Daguerre écrivit à Châlons-sur-Saône, et
un échange de lettres s'établit avec une certaine gêne de part et
d'autre. Daguerre n'avait encore rien trouvé, mais il ne voulait
pas l'avouer, tant il désirait faire agréer son concours à son rival.
Niepce se défiait d'un inconnu qui venait au fond de sa province
le tourmenter pour savoir son secret; cependant, en juin 1827, il
se décida à envoyer à Daguerre une planche d'étain gravée par
l'héliographie. Il demandait en échange communication de quelques-uns des résultats auxquels Daguerre pouvait être arrivé;
celui-ci fit la sourde oreille, et il avait bien ses raisons. Au mois
d'août, Niepce, allant en Angleterre, traversa Paris et se rencontra
avec Daguerre. On parla beaucoup de son invention, mais Daguerre
ne montra rien de ses propres travaux. A Londres, Niepce présenta
divers échantillons de ses épreuves à la Société royale. En revenant
il vit encore Daguerre; mais toujours même impossibilité de voir
aucun de ses résultats. Bientôt cependant ce dernier annonça à son

correspondant de Châlons certain progrès dans ses recherches. Niepce craignit d'être devancé par le peintre de Paris tandis qu'il se consumait seul en efforts multipliés sur les bords de la Saône; il proposa une association, et le traité fut conclu le 14 décembre 1829. Alors seulement Daguerre eut le bonheur d'être initié sans réserve au procédé de Nicéphore Niepce. Sa première préoccupation fut de chercher un corps impressionnable à la lumière plus avantageux que le bitume de Judée. En même temps, moins désireux que son associé d'obtenir une image fixée avec laquelle on peut tirer plusieurs épreuves, il s'attacha à produire le dessin héliographique directement dans la chambre noire. C'était là une idée séduisante; on n'avait qu'un seul dessin, mais il pouvait être d'une grande perfection; néanmoins l'avenir a montré que dès cette époque Daguerre s'écartait de la meilleure voie. Dix-huit ans plus tard, la photographie, en détrônant le daguerréotype, ramenait les praticiens dans la voie d'abord ouverte par Nicéphore Niepce. Toutefois cette association donna aux recherches une vive impulsion. Un heureux hasard vint, un peu plus tard, provoquer un progrès important. Dès 1824, Niepce avait essayé de donner plus de vigueur aux épreuves qu'il obtenait dans la chambre noire, en les exposant à la vapeur d'iode. Les deux associés étaient revenus à cette idée, et il n'était pas rare qu'il y eût dans leur atelier des plaques d'argent iodurées de cette façon. Un jour, sur une plaque de cette espèce, on laissa par mégarde une cuiller. Lorsqu'on s'en aperçut, on vit aussi avec une surprise presque joyeuse que la cuiller avait marqué son empreinte sur la plaque iodurée : la lumière avait modifié toute la surface que ne couvrait pas la cuiller, et, à l'abri de celle-ci, la plaque avait une coloration parfaitement distincte. C'était une révélation; on fit des essais, et l'on reconnut bien vite que l'iodure d'argent était une matière infiniment plus prompte que les corps résineux à se laisser impressionner par la lumière. Le hasard venait d'indiquer en un moment ce qu'on cherchait depuis vingt ans.

Peu de temps après, le 5 juillet 1833, le pauvre Niepce mourut sans avoir vu le triomphe qui se préparait, et avec l'amère conviction que, depuis vingt ans, il avait épuisé les ressources de sa famille dans des recherches probablement chimériques.

Daguerre restait seul pour continuer, il n'y manqua pas. Cependant l'iodure d'argent obtenu en exposant les lames de plaqué aux vapeurs d'iode était, il est vrai, bien plus rapidement attaqué par la lumière; mais l'image obtenue était longue à apparaître et jamais très nette. Une seconde faveur du hasard mit notre opiniâtre chercheur en possession d'un nouveau secret : Daguerre avait retiré de

la chambre noire une plaque qui y était restée peu de temps et sur
laquelle on ne distinguait aucune image ; il l'avait placée dans une
armoire sans trop faire attention aux autres objets que celle-ci pouvait contenir. Quelques jours après il reprit la plaque et fut stupéfait
de voir que l'image s'y était développée et y apparaissait nettement
avec une grande perfection de détails. Il ne douta pas que ce résultat
si heureux ne fût dû à l'un des corps enfermés dans l'armoire avec
la plaque. Il les essaya l'un après l'autre et reconnut enfin que la
révélation de l'image devait s'être produite sous l'influence des
vapeurs provenant d'une capsule pleine de mercure.

Daguerre vérifia le fait par expérience. Il prit encore une fois
une plaque iodurée, l'exposa dans la chambre noire, puis il la
plaça dans l'obscurité au-dessus d'un bain de mercure légèrement chauffé pour accroître l'évaporation. La plaque, avant cette
dernière manipulation, ne portait aucune trace des objets dont elle
avait dû recevoir l'impression par la lumière ; mais après le séjour
au-dessus du bain de mercure, l'image était développée comme
si la baguette d'une fée l'avait évoquée. Cette découverte couron-
nait les travaux de Daguerre ; il tenait maintenant le secret d'un
procédé à l'aide duquel des images tracées par les rayons solaires
étaient fixées et rendues visibles. Voilà le triomphe que la mort
avait ravi à Nicéphore Niepce, et auquel, dans le premier enivrement du succès, son nom fut à peine associé. Heureusement que
le temps, plus équitable, le tira bientôt de l'oubli, et rendit pleine
justice à des travaux prématurément interrompus par la mort.
Peut-être les lecteurs trop enclins à donner un large rôle au hasard
dans les inventions humaines, se plairont à remarquer que dans
l'invention du daguerréotype le hasard intervient deux fois et sur
deux questions décisives. Mais, pour mieux apprécier les choses,
il importe de remarquer que ces deux bonnes fortunes ont favorisé
deux chercheurs infatigables, après vingt ou vingt-cinq ans de travaux. Dans l'œuvre des inventeurs, le travail joue toujours le rôle
principal, et les hasards heureux ne s'offrent jamais à ceux qui les
espèrent sans prendre la peine de les mériter.

§ 5. — Le procédé de Daguerre

La découverte dont je viens de tracer l'histoire fut annoncée par
Arago à l'Académie des sciences de Paris, le 7 janvier 1839. Cette
communication fort inattendue ne fournit aucune indication sur
les procédés de l'inventeur. Celui-ci ne pouvait les faire connaître
du public sans perdre les moyens de tirer parti de ses travaux, en
compensation des longs sacrifices dont ils étaient le fruit. Arago

montra des épreuves obtenues par le daguerréotype ; c'étaient des vues de monuments et d'objets inanimés. Il ajouta que ces images avaient été tracées par la lumière dans la chambre noire. Voilà tout ce que le public et les savants purent en connaître pendant sept mois. L'intérêt qu'excita une pareille invention fut tellement vif, que le gouvernement crut nécessaire de la faire tomber immédiatement dans le domaine public. Une loi attribua, à titre de récompense nationale, à Daguerre une pension viagère de six mille francs, et à Isidore Niepce, fils et héritier de Nicéphore, une semblable pension de quatre mille francs. En échange, les deux associés consentaient à divulguer leur secret.

Ce fut encore Arago qui, le 10 août 1839, communiqua à l'Académie des sciences tous les détails du procédé de Daguerre. Dès le soir même de cette curieuse séance, on se prépara à faire des essais conformes aux indications officielles, et il y eut bientôt un véritable engouement pour les expériences de daguerréotype.

Voici les points essentiels de la communication faite par Arago ; voici en résumé quel était le procédé de Daguerre. Il fallait d'abord être muni d'une chambre noire ; cet instrument d'optique est resté l'appareil spécial de la photographie. La chambre noire employée pour cet usage présente quelques dispositions particulières que l'on peut voir dans la figure 41. D'abord, la boîte de la chambre noire se compose de deux pièces *aa* et *bb* montées sur un plateau à coulisses, et rentrant l'une dans l'autre. Dans la figure on a supposé la pièce extérieure *aa* partiellement brisée, afin de montrer cette disposition. On aperçoit à gauche l'écran en verre dépoli *g*, qui, par un mouvement de fenêtre à guillotine, peut se placer de manière à former le fond de la chambre noire. En avant se trouve la lentille par laquelle la lumière pénètre et va dessiner l'image sur l'écran de verre dépoli. Cette lentille est montée dans un tube formé de deux parties *h* et *i* qui glissent à coulisses l'une dans l'autre. Une vis *r* sert à faire rentrer ou sortir le tube *i* par rapport au tube *h*. Tout cet appareil, qui sert à porter la lentille et permet de la placer à la distance nécessaire pour donner une image bien nette, se nomme *objectif*.

La production d'une épreuve daguerrienne comprend quatre opérations.

1º On *prépare la plaque sensible*, en exposant quelques minutes une lame de plaqué au-dessus d'une couche d'iode. Les vapeurs qui s'en dégagent à la température ordinaire vont former à la surface du plaqué un voile très mince d'iodure d'argent. Celui-ci étant extrêmement sensible à l'action de la lumière, il faut avoir bien soin de maintenir la plaque sensibilisée à l'abri de cet agent.

2° Vient ensuite ce qu'on appelle la *pose*. On dispose la chambre noire de façon qu'il se forme une image très nette sur l'écran en verre dépoli ; on le retire, et on lui substitue la plaque iodurée. Après un certain temps de pose (c'était d'abord plusieurs minutes, plus tard ce fut vingt ou trente secondes), on retire la plaque. On continue à la maintenir à l'abri de l'action de la lumière, et immédiatement on passe à la troisième opération.

3° Il s'agit maintenant de faire apparaître l'image, de la *révéler*. La plaque iodurée est sortie de la chambre noire telle en apparence qu'on l'y a mise ; mais en réalité la lumière y a tracé une

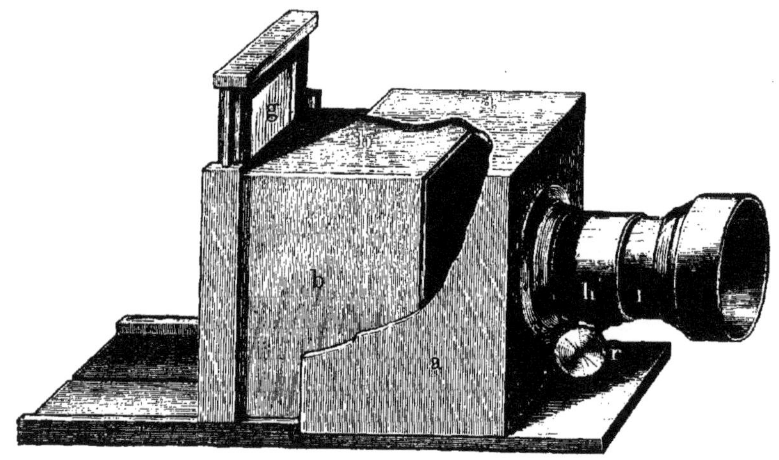

Fig. 41. — Une chambre noire pour photographie.

image invisible. L'iodure d'argent se décompose sous l'influence des rayons lumineux. Par conséquent, lorsque, dans la chambre noire, ils sont venus former une image sur la plaque iodurée, les endroits éclairés ont subi une décomposition, tandis que dans les endroits ombrés l'iodure d'argent est resté intact. Dans les demi-teintes, l'action a été plus ou moins incomplète, suivant qu'elles étaient plus ou moins sombres. Pour révéler cette image, on expose la plaque au-dessus d'une petite boîte légèrement chauffée en dessous, et qui renferme une couche de mercure. Les vapeurs mercurielles montent vers la plaque et viennent se condenser et se fixer sur les parties que la lumière a modifiées. De cette façon, les lumières apparaissent recouvertes d'un voile brillant de mercure ; les demi-teintes en sont voilées moins fortement, et les ombres restent avec la teinte jaune d'or, qui est celle de l'iodure non décomposée : dès lors on distingue très bien l'image avec ses ombres, ses demi-teintes et ses lumières.

4° La dernière opération consiste à *fixer l'image*. Si on la laissait telle qu'elle sort du bain révélateur, la plaque, encore chargée çà et là de la couche sensible, s'altérerait peu à peu par l'action de la lumière, l'image s'effacerait avec le temps. Il faut donc débarrasser la plaque de toute trace d'iodure d'argent. Il suffit pour cela de la laver, à l'abri de la lumière, dans un liquide qui dissolve et entraîne avec lui l'iodure d'argent, et qui n'agisse pas sur la surface argentée du plaqué, ni sur le vernis de mercure qui forme les lumières et les demi-teintes. Plusieurs liquides peuvent remplir cet objet ; mais celui qui agit le mieux est une solution aqueuse d'un sel appelé l'hyposulfite de soude. Après un lavage dans ce bain et un second lavage dans l'eau pure, la plaque, portant son image, est devenue inaltérable à toute action de la lumière : les ombres sont formées par l'argent bruni nettoyé de toute trace d'iode, et le brillant du mercure représente très nettement les demi-teintes et les parties lumineuses.

Quelque enthousiasme qu'ait produit tout d'abord la belle invention de Daguerre, elle était loin d'être sans défauts. On le comprit bien vite, et ce fut à qui la perfectionnerait. Le plus important dès l'abord était d'abréger la durée du temps de pose. Pour y arriver, on donna à l'objectif des dispositions plus favorables : au lieu d'une seule lentille, on en eut deux ; mais il fallait encore deux ou trois minutes de pose. En 1841, Claudet découvrit les propriétés des *substances accélératrices*, c'est-à-dire capables d'augmenter la sensibilité de l'iodure d'argent à l'égard de la lumière. Ce fut d'abord le chlorure d'iode, puis les vapeurs de brome, le bromure d'iode, la chaux bromée, le chlorure de soufre, etc. On parvint ainsi à réduire le temps de pose à un certain nombre de secondes. C'est alors que le daguerréotype put enfin donner des portraits d'après nature. Mais l'avenir n'était pas réservé à ce procédé : il allait être promptement détrôné par la photographie.

§ 6. — LE PROCÉDÉ DE FOX TALBOT

Pendant les vingt années que Nicéphore Niepce avait obscurément consacrées à ses ingénieuses recherches, le souvenir des essais infructueux de Wedgewood et David s'était effacé peu à peu. Sans les connaître, un de leurs compatriotes reprit l'étude du même problème et réussit mieux. C'était un riche particulier, qui occupait noblement ses loisirs à des expériences scientifiques ; il se nommait Fox Talbot. Il avait commencé par obtenir la reproduction des feuilles et des fleurs sur un papier impressionnable à la lumière. Pour rendre ce papier plus sensible, il le trempait d'abord dans une solution de sel marin ; puis il le mettait dans un

second bain formé d'une solution d'azotate d'argent. Les images
obtenues ainsi au soleil avaient une grande finesse de détails. Il
avait en outre trouvé le moyen de fixer les empreintes délicates
qu'il avait obtenues : il les immergeait dans une solution chaude
de sel marin (chlorure de sodium); le papier se dépouillait en
grande partie de l'azotate d'argent qu'il renfermait, et les dessins
ne noircissaient presque plus à la lumière du jour. Plus tard, il
employa même, avec plus de succès, une solution d'hyposulfite de
soude.

Les dessins obtenus de cette façon étaient sur fond noir, et les
images des feuilles ou des fleurs s'enlevaient en blanc. Talbot imagina un moyen fort simple pour les reproduire. Ici il allait imiter,
sans le savoir, le procédé imaginé une quinzaine d'années auparavant par Niepce, et que celui-ci nommait héliographie. Sur son
dessin blanc à fond noir il appliquait exactement une nouvelle
feuille de papier sensible; une petite presse fixait les deux feuilles
l'une contre l'autre; puis Fox Talbot exposait le tout à la lumière
du soleil, mais dans un tel sens, que cette lumière dût traverser le
dessin pour arriver à la feuille de papier encore intacte. Les rayons
lumineux ne pouvaient passer à travers le fond noir; mais les parties blanches du dessin étaient transparentes et les laissaient arriver
sans peine sur le papier, où ils produisaient un dessin noir. De
cette façon, la seconde empreinte était inverse de la première;
c'était un dessin noir sur fond blanc. La première empreinte constitue ce qu'on appelle le *négatif;* elle sert en quelque sorte d'écran
à parties transparentes pour obtenir la seconde. Celle-ci se nomme
le *positif.*

En 1834, Talbot entreprit d'obtenir, au moyen de son papier
sensible, des images dans la chambre noire. Il éprouva de nombreux insuccès, et pendant qu'il cherchait encore Daguerre publia
son procédé. Fox Talbot ne pensa pas que le problème qu'il poursuivait fût résolu pour cela : les plaques daguerriennes ne rempla-
çaient pas, pour lui, le négatif qu'il voulait obtenir sur papier,
pour en tirer ensuite autant de positifs qu'il le souhaiterait. Il continua donc ses recherches, et, en 1840, il parvint à un succès
incontestable. Il publia son procédé en Angleterre; puis, en 1841,
il chargea Biot de le communiquer à l'Académie des sciences de
Paris. Voici quelle méthode suivait Fox Talbot.

D'abord on prépare le papier sensible. Après l'avoir trempé dans
une solution d'azotate d'argent, on le fait passer dans une solution d'iodure de potassium. Le papier se trouve en réalité imprégné
d'iodure d'argent, par suite de la réaction de l'iodure potassique
sur l'azotate d'argent. Dans cet état il est faiblement sensible à la

lumière. Lorsqu'on veut l'employer, on le rend immédiatement très sensible, en le plongeant dans une solution d'acide gallique. Alors, si l'on expose ce papier dans la chambre noire, et qu'après la pose on l'immerge plusieurs fois dans un bain de gallate d'argent, il apparaît peu à peu sur le papier une image négative; cela veut dire que dans cette sorte d'image les clairs se montrent colorés en noir, et les ombres se détachent en blanc. On termine l'opération en fixant le négatif au moyen de l'hyposulfite de soude.

Une fois ce négatif obtenu, Talbot en tirait des positifs par le moyen qui vient d'être expliqué plus haut. C'est là un procédé vraiment reproducteur, puisque, pour une seule pose du modèle, on obtient en définitive un grand nombre d'exemplaires de son image, tandis que la plaque du daguerréotype ne pouvait être qu'une épreuve unique, et il fallait faire poser le modèle chaque fois qu'on en voulait une autre : c'était là une raison péremptoire pour que le procédé de Daguerre dût s'effacer devant celui de Fox Talbot. Cependant tous les esprits étaient préoccupés de la brillante invention du peintre français. Tous les savants et tous les curieux ne songeaient qu'à la rendre plus parfaite. L'invention de Talbot passa complètement inaperçue. On vit bien courir de main en main des épreuves dues au procédé de l'inventeur anglais; on remarqua même d'assez belles épreuves d'objets animés que l'on répandait dans Paris; mais on se préoccupait peu de savoir par quelle méthode on les obtenait. Le daguerréotype continua sa marche triomphante. Seulement, dès cette époque, on désigna ces épreuves sur papier sous le nom de *photographies*, ce qui signifie *dessins obtenus par la lumière*. La méthode qui pouvait donner de pareils dessins s'appela désormais l'art de la *photographie*.

Tout cela néanmoins était tombé dans l'oubli, lorsque, en 1847, un marchand de drap de Lille, nommé Blanquart-Evrard, amateur de daguerréotype et de photographie, publia la description d'un procédé pour la photographie sur papier, et exposa des épreuves obtenues par ce procédé ; c'était au fond celui de Fox Talbot, sauf quelques modifications de détail. Avec le temps on avait mieux compris le défaut capital du daguerréotype. On accueillit avec enthousiasme la publication de Blanquart-Evrard. Fox Talbot ne daigna même pas réclamer ses droits de priorité, et ce fut seulement quelques années après que le public mieux instruit lui rendit justice.

A partir de cette époque, le daguerréotype tomba peu à peu en discrédit, et la photographie devint à la fois un art populaire et une industrie lucrative; néanmoins elle ne dut ses succès qu'à divers perfectionnements essentiels qu'il faut encore indiquer ici.

§ 7. — LA PHOTOGRAPHIE SUR VERRE ET SUR COLLODION

Malgré la faveur avec laquelle étaient accueillis les procédés photographiques, ils présentaient encore de grands défauts. Il se serait certainement produit une réaction dans l'opinion publique, si les perfectionnements n'étaient intervenus avec une heureuse rapidité.

Les épreuves positives s'obtiennent au moyen d'un négatif dont la finesse et la perfection sont des conditions indispensables de succès. La lumière, en effet, travaille à travers le négatif, et si celui-ci est grossier, le dessin qui en résulte doit l'être au moins autant. Justement le tissu du papier est beaucoup trop irrégulier, sa surface est trop inégale, pour que le négatif de Talbot et de son imitateur ne laisse pas beaucoup à désirer. Ce défaut ressortait d'autant plus, que l'un des mérites des plaques daguerriennes, c'était la merveilleuse finesse des détails. Mais, quelques mois après la publication de Blanquart-Evrard, Niepce de Saint-Victor, neveu de Nicéphore et ami de Daguerre, imagina d'obtenir le négatif sur une plaque de verre recouverte d'une solution d'albumine imprégnée d'iodure de potassium. Cette glace, ainsi préparée et bien séchée, est ensuite plongée dans une solution d'azotate d'argent. On a dès lors une couche extrèmement sensible à la lumière, et à peu près aussi transparente que la glace elle-même qu'elle recouvre. C'est là ce qu'on introduit dans la chambre noire pour la pose; ensuite on trempe l'épreuve encore invisible dans une solution d'acide gallique qui la développe, c'est-à-dire la fait apparaître.

L'emploi de l'albumine offrait cependant un inconvénient, c'est que ce corps se décompose beaucoup trop facilement. On proposa de lui substituer le collodion. Or voici ce qu'est cette substance. En 1847, deux chimistes allemands, Schoenbein et Boettcher, avaient découvert une substance qu'on appela *coton-poudre* ou *fulmi-coton.* Cette substance nouvelle s'obtient en plongeant le coton ordinaire dans de l'acide azotique fumant. Retiré du liquide et bien séché, le coton manifeste des propriétés explosives analogues à celles de la poudre à canon. Or le fulmi-coton est soluble dans un mélange d'alcool et d'éther; cette solution est ce qu'on appelle le *collodion.* Si on en verse une mince couche sur une lame de verre, le mélange d'alcool et d'éther s'évaporant très vite, on obtient en quelques instants une pellicule transparente d'une grande finesse. En 1851, un photographe anglais nommé Archer, reprenant les tentatives heureuses du Français Legray, publia la description d'un procédé supérieur pour obtenir le négatif au collodion sur verre. Sous cette forme la photographie donna des résultats d'une grande perfection,

Cet art merveilleux fut appliqué tour à tour à la reproduction des objets d'art, de la nature au point de vue pittoresque. Les sciences en ont tiré un parti immense. Il nous a donné par le télescope des images admirables des astres dont il est possible d'apercevoir nettement la surface. Il nous a donné des images fidèles de ce que nous révèle le microscope. Il nous donne, fixés sur le papier, des phénomènes instantanés, tels que les vagues de la mer et jusqu'aux éclairs des orages. En même temps, la gravure à l'aide de la lumière a fait des progrès merveilleux. Au procédé de l'*héliographie*, imaginé par Nicéphore Niepce, sont venus s'ajouter d'autres procédés dont la variété se prête aux diverses applications que réclament les arts. La lumière, aujourd'hui docile à nos besoins, grave pour nous sur plaques métalliques et sur pierre. En un mot, la photographie a ouvert une voie qui s'élargit sans cesse devant nos efforts.

CHAPITRE XI

LA PILE VOLTAÏQUE ET L'ÉLECTRO-CHIMIE

§ 1. — LES PROGRÈS DE L'ÉLECTRICITÉ

Il est une branche des sciences d'observation qui, dans les deux derniers siècles, a fait de merveilleux progrès : c'est cette partie de la physique qui concerne les phénomènes électriques. Avant le dernier quart du XVIᵉ siècle, nos pères ignoraient tout ce que nous savons aujourd'hui ; et il nous est facile de prévoir que nos fils et nos petits-fils auront le bonheur d'apprendre à leur tour un grand nombre de faits que nous ignorons. Ce qui, dans cette étude, stimule particulièrement le zèle des savants, c'est la singularité des découvertes déjà faites, et d'une autre part la multiplicité et l'originalité des applications. Le développement rapide de nos connaissances en électricité est un des caractères de l'époque moderne. Quand on songe que, pendant tant de siècles, des connaissances si utiles ont été dérobées aux hommes, on est tenté de plaindre tant de générations de n'avoir pu jouir des services merveilleux qu'elles nous rendent aujourd'hui ; car, il faut bien se le rappeler, nos connaissances en électricité datent seulement de l'époque où la méthode expérimentale indiquée par François Bacon a guidé les physiciens dans leurs études.

Gilbert de Colchester commence les premières observations d'électricité au début du XVII° siècle. Otto de Guéricke, vers 1666, imagine la machine électrique. Cet appareil, qui produit de l'électricité à volonté, permet de mieux étudier le nouvel agent. On reconnaît qu'il ne se borne pas à attirer les corps légers, mais qu'il les repousse aussi dans certains cas, ce qui conduit à admettre l'existence de deux sortes d'électricités : on appelle l'une *électricité vitrée* ou *positive ;* l'autre, *électricité résineuse* ou *négative*. On détermine avec plus de précision les différences qui distinguent l'une de l'autre, et l'on arrive à établir cette vérité fondamentale : *Les électricités de même nom se repoussent ; celles de noms contraires s'attirent.*

Robert Boyle, qui avait surtout contribué à démontrer ce principe essentiel, découvre encore le pétillement tout particulier qui s'entend à la surface des corps électrisés. Il voit, dans plusieurs expériences, la lumière électrique, que nul n'avait distinguée avant lui.

Avec le XVIII° siècle, cet ordre d'études devient encore plus fécond. En 1729, Étienne Grey découvre que l'électricité se transmet très rapidement d'un corps à l'autre par le contact. Bientôt après, Wehler s'aperçoit que cette transmission se fait avec facilité à travers certains corps, tels que l'eau et tous les métaux, tandis qu'elle se fait très mal, ou même ne se fait pas du tout à travers le verre, le soufre, et en général toutes les substances résineuses. Il nomme *conducteurs* de l'électricité les corps de la première catégorie ; ceux de la seconde sont appelés *non conducteurs, mauvais conducteurs* ou *isolants*.

Étienne Grey observe le premier ce qu'on appelle le *pouvoir des pointes*. Lorsqu'un conducteur isolé (c'est-à-dire supporté uniquement par des matières non conductrices) est chargé d'électricité, si on lui présente une pointe métallique à petite distance de sa surface, il perd peu à peu sa charge d'électricité. Si ce conducteur isolé est lui-même muni d'une pointe métallique, on ne peut le charger d'électricité parce que celle-ci s'écoule incessamment par l'extrémité de la pointe. Les travaux de Dufay, de 1733 à 1745, étendirent et rendirent beaucoup plus positives ces diverses notions. Grâce à lui on sut reconnaître quelle sorte d'électricité possèdent les corps électrisés. Vers le même temps Ludolph enflamma de l'éther avec l'étincelle électrique. Ce fut un véritable événement scientifique que l'invention de la bouteille de Leyde, en 1746. L'année d'après, Benjamin Franklin commençait ses recherches, qui devaient attacher son nom à l'invention du paratonnerre. Enfin la dernière année du siècle est signalée par une nouveauté scientifique plus importante que toutes celles qui avaient précédé : l'invention de la pile électrique par Alexandre Volta.

§ 2. — LA PILE ÉLECTRIQUE DE VOLTA

Alexandre Volta est né en 1745, à Côme, d'une noble famille du Milanais. Dès l'âge de dix-huit ans il s'occupa d'électricité, et,

Fig. 42. — Alexandre Volta, né à Côme (Italie), en 1745 ; mort en 1827.

au milieu de ses nombreuses expériences, il imagina plusieurs appareils encore en usage aujourd'hui. On peut citer l'*électrophore*, sorte de petite machine produisant l'électricité avec une précieuse facilité ; l'*eudiomètre*, instrument propre à étudier le rôle de l'étincelle électrique dans les mélanges gazeux ; l'*électroscope*, destiné à faire reconnaître les plus petites charges d'électricité et à révéler leur nature vitrée ou résineuse. Engagé dans une longue discussion scientifique avec le professeur bolonais Galvani, pendant six ans il fit assaut avec lui d'expériences contradictoires. Enfin il fut amené à construire la *pile électrique*, qu'il fit connaître en 1800. Il était professeur à l'université de Pavie, où il occupa la chaire de physique pendant trente ans. Il mourut en 1827.

La figure 43 représente l'appareil inventé par Volta, et qu'il voulut d'abord nommer *organe électrique artificiel,* puis *appareil électro-moteur.* Sa forme explique suffisamment le nom de *pile électrique,* qui lui fut donné communément. Cependant, dans les nombreuses modifications qu'il ne tarda pas à subir, ce curieux appareil perdit complètement la forme d'une pile; mais il en a toujours gardé le nom. Volta se servait, pour le construire, de 20, 40, 60 pièces de cuivre, ou mieux d'argent, appliquées chacune à une pièce d'étain, ou bien mieux encore de zinc.

Il séparait chaque couple de pièces par deux morceaux de carton, de peau ou de drap, bien imbibés d'eau simple, d'eau salée ou d'eau de lessive. « De telles couches interposées à chaque couple ou combinaison de deux métaux différents, une telle suite alternative, et toujours dans le même ordre, de ces trois espèces de conducteurs : voilà tout ce qui constitue mon nouvel appareil. » C'est ainsi que Volta s'exprimait dans une lettre célèbre, destinée à communiquer son invention à la Société royale de Londres.

Dans cette lettre, il ajoutait qu'avec une pile contenant 20 couples métalliques argent et zinc, on pouvait charger un condensateur au point de lui faire produire une étincelle; que, si l'on touche en même temps avec ses doigts l'extrémité inférieure et la supérieure de la pile, on les sent frappés d'un ou de plusieurs petits coups, selon

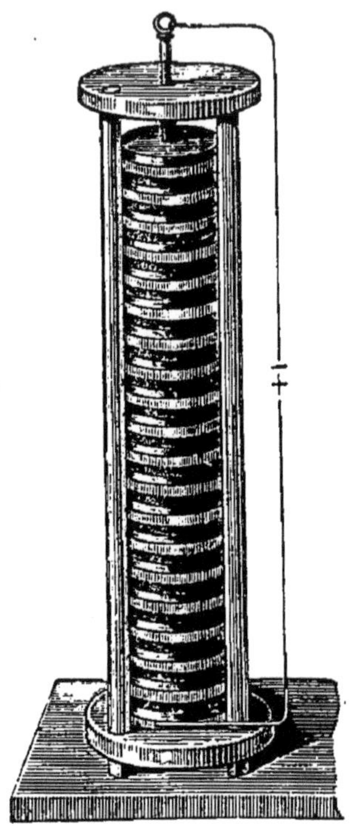

Fig. 43. — La pile à colonne de Volta, toute montée.

qu'on se borne à un seul contact ou que l'on réitère. Chacun de ces coups ressemble parfaitement à cette légère commotion que fait éprouver une bouteille de Leyde faiblement chargée ou une torpille (poisson électrique qui ressemble à la raie) extrêmement languissante. Volta trouvait que ce poisson imitait encore mieux les effets de son appareil par la série des coups répétés qu'il peut donner sans cesse.

En examinant la figure 43, on y distingue sans peine la série des rondelles qui forment la pile; elles sont maintenues par deux plus grandes rondelles en bois que joignent trois baguettes ordinairement en verre, entre lesquelles s'élève la pile. On aperçoit aussi que les rondelles superposées sont de trois sortes, et se succèdent ainsi

régulièrement. On a cessé depuis longtemps d'employer des rondelles en argent, qui rendent la pile très dispendieuse, et on se sert
de cuivre. Cette remarque une fois faite, le lecteur distinguera très
bien dans la figure 43, en commençant par le bas, une rondelle
grise, qui est en cuivre; une rondelle plus blanche, qui est en zinc;
et enfin une rondelle noirâtre, qui est en drap imbibé d'eau salée.
Puis cette série se répète jusqu'en haut, de telle façon que l'on y
compte vingt disques de cuivre. Le dernier disque de zinc n'est pas
surmonté de drap mouillé, mais il est armé d'une tige métallique
qui traverse le support supérieur en bois ; elle sert de conducteur

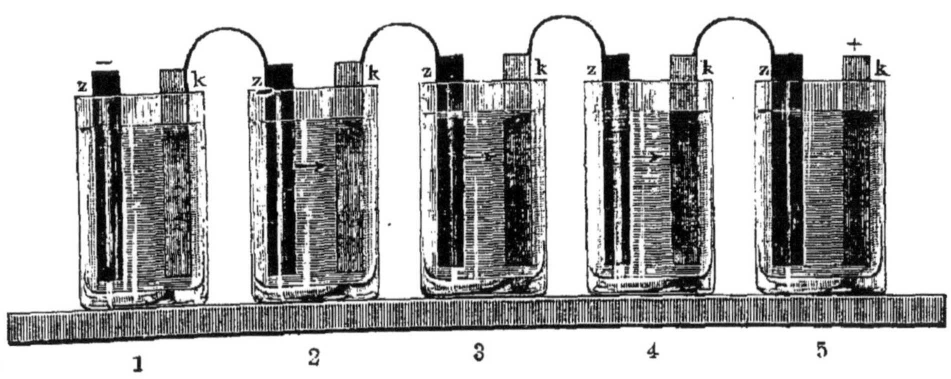

Fig. 44. — Disposition d'une partie de la pile à couronne de tasses

à l'électricité. Chaque fois que la pile doit fonctionner, il faut recon-
struire l'édifice de ses rondelles superposées, car il faut chaque fois
imbiber les rondelles de drap d'eau salée ou acidulée. A la dernière
rondelle de cuivre, comme à la rondelle de zinc qui forme l'extrémité opposée, il se fait une accumulation d'électricité; c'est là ce
qu'on appelle les *pôles* de la pile. Au moyen de l'électroscope, on
reconnaît qu'à l'extrémité cuivre se trouve de l'électricité vitrée ou
positive; c'est là le *pôle positif;* l'extrémité zinc est, au contraire, le
pôle négatif, parce que c'est l'électricité résineuse qui s'y rassemble.
Dans les figures, on a coutume de désigner les deux pôles par les
signes algébriques : *plus* ($+$), et *moins* ($-$). Si à chacune des extrémités on attache un fil métallique (ordinairement en cuivre), et
que l'on rejoigne ces deux fils de façon à se toucher, toute accumulation d'électricité disparaît dans la pile ; cela tient à ce que les deux
fluides qui tendent à se rassembler chacun à une extrémité suivent
les fils métalliques et vont se combiner l'un avec l'autre, de façon
à reformer de l'électricité neutre. Si, au lieu de réunir les deux fils
au contact, on saisit l'un de la main gauche et l'autre de la main
droite, on ressent aussitôt dans les mains les petites commotions

signalées par Volta. Il y a donc dans le circuit conducteur où l'on s'est placé une circulation continue d'électricité ; c'est ce que l'on appelle le *courant électrique*, ou *voltaïque*, ou *galvanique*. Les fils métalliques fixés aux extrémités de la pile se nomment les *rhéo-phores ;* ce mot vient du grec et veut dire *porte-courant*. Souvent aussi on se borne à dire : les fils conducteurs de la pile.

Dans la communication que Volta adressait à la Société royale de Londres, après avoir décrit, comme nous venons de le faire, la pile à colonne, sous le nom d'*appareil électro-moteur*, Volta faisait aussi connaître une autre disposition qu'il nommait *appareil à couronne de tasses*. La figure 44 en donne une idée : cet appareil se compose d'une série de tasses ou de gobelets en verre ; chacun de ces vases est presque rempli d'eau salée ou d'eau acidulée. On place à cheval d'un verre à l'autre un élément métallique dont voici la composition : une lame de cuivre *k* plonge dans un des vases ; dans le vase voisin est immergée une lame de zinc *z* qui, par une bande de zinc courbée en arcade, va se souder avec la lame de cuivre. Volta avait l'habitude de disposer en cercle la série des vases qui composaient cette seconde pile. De cette façon les deux extrémités se trouvaient rapprochées comme celles d'une couronne que l'on veut fermer.

§ 3. — La pile voltaïque en Angleterre

A peine Volta avait-il fait connaître son invention, que plusieurs savants anglais, empressés de faire des expériences avec la pile, arrivaient en peu de temps à des découvertes importantes. Ce furent d'abord Carlisle et Nicholson qui découvrirent la décomposition de l'eau par le courant électrique ; à l'aide d'une pile fort imparfaite formée de dix-sept pièces de monnaies en argent (demi-couronnes), ils se disposaient à vérifier l'existence et la nature des deux pôles. N'y réussissant pas à leur gré et pensant que les fils conducteurs communiquaient mal avec la rondelle de l'extrémité supérieure, ils projetèrent sur celle-ci, qui était en zinc, quelques gouttelettes d'eau. Dès qu'ils rejoignirent les fils conducteurs de façon à fermer le courant, ils s'aperçurent que dans les gouttes d'eau se déga-geaient des bulles de gaz ; ils en conclurent immédiatement que l'eau était décomposée. Par plusieurs expériences spéciales, ils constatèrent que lorsqu'on place une masse d'eau entre les deux rhéophores, il se dégage toujours de l'hydrogène à l'extrémité du fil communiquant avec le pôle négatif de la pile ; il y avait lieu de s'étonner qu'au pôle positif il ne se dégageât pas de l'oxygène, puisque l'eau est une combinaison de ces deux gaz. Les deux expérimentateurs pensèrent avec raison que les fils conducteurs étant en cuivre, l'oxygène provenant de la décomposition de l'eau, au lieu de se dégager, se combinait avec le cuivre du fil positif et formait de l'oxyde de cuivre.

Il fallait s'en assurer. Pour cela ils recommencèrent leur expérience, en se servant de rhéophores en platine; ce métal ne se combine pas avec l'oxygène comme le fait le cuivre ou le zinc; le

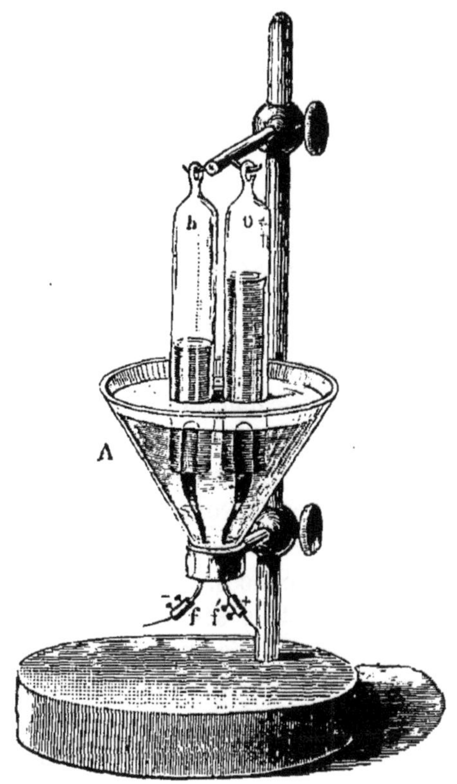

Fig. 45. — Le voltamètre, ou appareil pour la décomposition de l'eau
par le courant voltaïque.

platine, en un mot, n'est pas oxydable. Avec cette nouvelle disposition, ils virent un dégagement gazeux se produire à l'extrémité de chacun des deux fils conducteurs, seulement il y avait moins de gaz au fil positif.

C'est qu'en effet, dans la décomposition de l'eau, le volume d'oxygène qui se produit est moitié moindre que celui de l'hydrogène. Cette belle découverte fut faite dans le mois de mai 1800. La figure 45 montre la disposition que l'on donne d'habitude au petit appareil, nommé *voltamètre,* qui sert à répéter l'expérience de Carlisle et Nicholson. En *ff'* se fixent les deux fils venant de la pile.

Dans le fond du verre sont soudées deux palettes en platine que l'on appelle les *électrodes*. L'éprouvette *o*, correspondant à l'électrode positive, reçoit le gaz oxygène; l'éprouvette *h*, qui recouvre l'électrode négative, récolte l'hydrogène.

Fort peu de temps après, un autre Anglais, William Cruikshank, découvrit à son tour que s'il existe dans l'eau un sel métallique, sulfate de cuivre, par exemple, ce sel est décomposé. Au pôle négatif on trouve, avec l'hydrogène de l'eau, le cuivre provenant du sulfate. Ainsi les métaux contenus dans des dissolutions où passe le courant électrique peuvent se réduire de leurs combinaisons salines et apparaître à l'électrode négative sous la forme de métal pur. Ce fait devait avoir plus tard de fécondes applications.

§ 4. — Volta a l'Académie des sciences de Paris

Vers la fin de cette fameuse année 1800, Volta se rendit à Paris pour faire connaître ses travaux et son invention à l'Académie des sciences de l'Institut, récemment constitué. Il avait rédigé un long mémoire qui avait, en réalité, les proportions d'un volume; trois séances consécutives de l'Académie furent consacrées à entendre ce travail, qui excitait le plus vif intérêt. Volta avait soin, à la fin de chaque séance, d'exécuter toutes les expériences indiquées dans la partie qu'il avait lue. Le premier consul, qui, comme on sait, s'était fait admettre en qualité de membre de cette compagnie savante, assista à la seconde de ces trois séances. On ne saurait dire à quel point il fut émerveillé du savant et de ses découvertes; il proposa, lorsque tout le travail eut été lu, de décerner à Volta une médaille en or au nom de l'Académie des sciences, de nommer une grande commission des douze membres les plus compétents pour répéter toutes les expériences dont on venait de parler, et de rendre compte du travail de cette commission dans un rapport détaillé; ces propositions furent adoptées et mises à exécution. Biot rédigea le rapport de façon qu'il est resté une des productions scientifiques les plus remarquables de cette époque. Napoléon conserva toujours intacte sa profonde admiration pour Volta, et il prit plusieurs mesures pour provoquer en France des travaux dignes de faire suite à ceux du physicien de Pavie. Néanmoins, bien que les physiciens français produisissent beaucoup de travaux remarquables, l'avantage, dans cette sorte de lutte scientifique, resta aux Anglais, en tête desquels brillait Humphry Davy, jeune encore, mais parvenu déjà au rang le plus élevé.

Les découvertes de Volta avaient eu pour point de départ d'autres découvertes dues à Aloysius Galvani, professeur d'anatomie à l'université de Bologne. Celui-ci avait reconnu, en 1780, que l'électricité avait le pouvoir de provoquer des mouvements énergiques dans les muscles d'un animal récemment tué. Il avait exécuté un grand nombre d'expériences pour mieux préciser des faits si singuliers, puis il en avait donné une explication originale. Il était parti de cette idée qu'il existe dans le corps des animaux une électricité propre, de telle façon que l'on peut le comparer à l'un de ces appareils qu'on appelle bouteilles de Leyde. Volta n'avait pas voulu accepter cette idée; il s'était efforcé, au contraire, de démontrer que, dans les expériences de Galvani, l'électricité qui contracte les muscles a pour origine une cause purement physique placée en dehors du corps. Ce n'est pas le lieu de rappeler ici les diverses phases de cette discussion célèbre; mais telle était la direction des idées chez les deux adversaires, qu'ils s'accordaient pour regarder les phénomènes galvaniques comme intéressant surtout la physiologie, c'est-à-dire l'étude des fonctions des êtres vivants. Bien que dès ses débuts la pile de Volta eût donné lieu à des découvertes chimiques et physiques du plus haut intérêt, celui-ci ne se préoccupait guère que des effets qu'elle pouvait provoquer chez l'homme et chez les animaux. Aussi, dès 1799, les expériences les plus curieuses avaient été entreprises sur diverses espèces d'animaux et même sur des hommes. Pour ceux-ci on profitait des cas d'amputation d'un membre; sur la partie récemment retranchée du corps on essayait l'effet de pièces métalliques formées de deux métaux avec lesquelles on touchait le nerf principal du membre et les muscles mis à nu. On obtint des contractions galvaniques très prononcées. Bichat, Larrey, Richerand, Dupuytren, et plus tard J.-B. Dumas, se livrèrent surtout à ces expériences. Bichat, en 1798, soumit à l'action du galvanisme les corps encore tout frais de plusieurs suppliciés. En Italie, en France, en Angleterre, pendant sept ou huit ans, ces expériences redoutables et parfois effrayantes furent répétées avec une sorte de fureur. On était près de croire que le galvanisme pourrait ranimer la vie dans un corps qu'elle venait d'abandonner.

Pendant que de pareilles espérances égaraient plus ou moins les physiologistes, les découvertes se multipliaient dans le domaine de la chimie.

§ 5. — LES DÉCOUVERTES DE DAVY

Entre les expériences si nouvelles de Carlisle et Nicholson, de Cruikshank, Wollaston, et l'année 1806, des travaux presque sans nombre avaient été exécutés dans la même voie, en France, en Angleterre, en Allemagne, en Danemark et en Suède. Le nom encore nouveau de Berzélius y avait conquis une grande notoriété. A ce moment, Humphry Davy résuma tous les phénomènes chimiques nouvellement révélés par la pile voltaïque dans un mémoire que l'on peut, à juste titre, dire immortel, et qui était intitulé : *Mode d'action chimique de l'électricité*. Il semble qu'après avoir si puissamment concentré dans sa pensée des découvertes faites depuis quelques années, qu'après avoir éclairci tous les doutes qu'elles pouvaient encore laisser, Davy ait trouvé de nouvelles forces pour les continuer plus brillamment qu'aucun autre de ses rivaux.

Il existait dans la chimie de ce temps deux séries de corps dont on s'expliquait mal la nature; c'étaient : 1° les *alcalis*, c'est-à-dire la potasse, la soude; 2° les *terres*, telles que la magnésie, la strontiane, la lithine, la baryte, la chaux, l'alumine, etc. Déjà Lavoisier, près de vingt ans auparavant, avait écrit que ces divers corps ne devaient pas être des substances simples, que très probablement c'étaient des combinaisons de l'oxygène avec des métaux encore inconnus. Il regardait, en un mot, les alcalis et les terres comme des oxydes métalliques que l'on ne savait pas encore décomposer. Davy, qui, comme beaucoup de chimistes de son temps, avait adopté sur ce point les idées de Lavoisier, eut la gloire d'en démontrer l'exactitude par le moyen de la pile électrique.

Il s'occupa d'abord de soumettre un des alcalis à l'influence du courant voltaïque; il s'adressa à la *potasse*. Comme les alcalis se dissolvent très bien dans l'eau, il essaya de faire passer le courant dans une dissolution aqueuse concentrée de potasse. L'alcali ne fut pas attaqué, l'eau seule se décomposa; il fallait procéder d'une autre manière. Il prit alors un morceau de potasse solide, c'est-à-dire obtenue par refroidissement, après avoir été fondue par la chaleur; il le plaça entre les extrémités des deux rhéophores. Nouvel insuccès : la potasse solide et sèche était trop mauvaise conductrice, le courant électrique ne passait pas : alors il eut l'idée de laisser le morceau de potasse exposé quelque temps à l'air. Il pensait qu'en absorbant un peu de l'humidité atmosphérique la potasse deviendrait suffisamment conductrice. L'expérience réussit cette fois. Lorsque la potasse humectée eut été placée entre les deux électrodes, il la vit se fondre sous l'influence du courant; peu après un bouillonnement se manifesta à l'électrode positive; il put reconnaître que le gaz qui se dégageait ainsi était de l'oxygène. Mais ce qui se passait à l'électrode négative était plus curieux encore : là apparaissaient de petits globules d'un métal blanc et très brillants, qui ressemblaient à des globules de mercure; seulement cette apparence était très fugitive. Chacun de ces globules, au contact de l'air, se voilait d'une petite couche d'un corps d'un blanc mat, tout à fait semblable à de la potasse. C'en était, en effet ; à peine décomposé, cet alcali se reproduisait, parce que le nouveau métal s'oxydait aux dépens de l'air extérieur. Davy voulut voir comment agirait sur l'eau ce métal si oxydable à l'air. Il prit quelques-uns des globules et les jeta dans un verre rempli d'eau ordinaire ; il vit d'abord, avec une certaine surprise, que ces globules surnageaient à la surface de l'eau. Le nouveau métal était spécifiquement plus léger que l'eau ; en outre les globules flottants sur l'eau y brûlaient vivement avec une flamme éclatante. Enfin l'eau où avait été faite l'expérience était fortement alcaline. Que de choses découvertes en un moment ! La potasse n'est pas un corps simple, elle se décompose en gaz oxygène et en un métal moins dense que l'eau, s'oxydant immédiatement dans l'air à la température ordinaire, décomposant l'eau, pour lui prendre son oxygène, avec dégagement de chaleur et de lumière ; ce métal nouveau, Davy le nomma *potassium*.

En opérant de même avec la *soude*, il arriva à des résultats analogues. Seulement le métal, qu'il appela *sodium*, était d'un blanc un peu jaunâtre ; il brûlait un peu moins vivement sur l'eau, et la flamme, colorée en jaune, était plus pâle. D'ailleurs la décomposition de la soude exigeait un courant un peu plus énergique.

Rien de plus important pour la chimie n'avait été découvert depuis longtemps. Ainsi que l'avait écrit Lavoisier, il était démontré que les alcalis sont des corps composés absolument analogues aux oxydes de fer, de zinc ou de cuivre ; seulement le potassium et le sodium, beaucoup plus avides d'oxygène que ces métaux, ne se montrent habituellement à nous qu'à l'état d'oxydation. En était-il de même des terres ? Tout le monde en fut convaincu à l'annonce de ces deux découvertes ; mais il fallait faire les expériences nécessaires, et elles étaient plus difficiles. La baryte, la strontiane, la chaux, ne sont pas des substances conductrices de l'électricité ; d'une autre part, elles ne sont pas avides d'eau comme la potasse ou la soude. On n'avait donc pas la ressource de les rendre conductrices en les laissant s'humecter à l'air. Après bien des tentatives, Davy réussit cependant en employant une pile beaucoup plus forte. Quant au procédé qui 'ui permit de reconnaître la nature composée de plusieurs terres, la *baryte*, la *chaux*, la *strontiane*, la *magnésie*, il est trop compliqué pour qu'il convienne de l'expliquer ici. Il acquit néanmoins la preuve que dans chacune de ces terres il y avait un métal nouveau, le *baryum*, le *calcium*, le *strontium* et le *magnésium*. A ce moment même, le

Suédois Berzélius informait Davy que, dans des recherches entreprises avec un autre chimiste nommé Pontin, il venait de décomposer par la pile la chaux et la baryte.

Cette brillante série de découvertes émut vivement l'Académie des sciences de Paris ; elle avait en 1801 proposé un prix pour le savant dont les découvertes marqueraient, dans l'histoire de l'électricité et du galvanisme, une époque mémorable. Depuis plusieurs années elle avait remis ce prix au concours, ne pensant pas qu'aucun savant eût rempli les conditions du programme ; en 1808 elle jugea que le temps était venu de le décerner. On était alors séparé de l'Angleterre par les péripéties d'une guerre acharnée ; néanmoins l'Académie des siences de l'Institut impérial de France, du plein consentement de l'empereur, décerna au physicien anglais le prix de trois mille francs destiné, comme on a vu, à constater que ses découvertes étaient dignes de faire époque dans la science.

§ 6. — LES RIVAUX DE DAVY EN ÉLECTRO-CHIMIE

« Pourquoi, dit un jour l'empereur Napoléon Ier à Berthollet, n'est-ce pas en France que l'on fait ces belles découvertes ?— Sire, répondit Berthollet, c'est que jusqu'à ce jour nous n'avons pas possédé de pile voltaïque assez puissante. — Eh bien ! reprit l'empereur, qu'on en construise sur le champ une suffisante, et que l'on n'épargne ni les soins ni la dépense. » Il est vrai que Davy, dans le cours de ses derniers travaux, avait reçu, par souscription, d'un certain nombre de ses concitoyens une pile électrique la plus puissante qu'on eût encore construite. Sans ce secours, dû aux plus beaux instincts du patriotisme anglais, les recherches relatives aux terres n'auraient certes donné aucun résultat. D'après l'ordre de l'empereur fut construite, en France, une magnifique pile voltaïque qui fut donnée à l'École polytechnique. Gay-Lussac et Thénard eurent l'heureuse chance de disposer de cet appareil ; ils s'en montrèrent dignes, et en 1811 ils publièrent, sous le titre de *Recherches physico-chimiques*, un riche recueil d'observations et d'expériences sur les effets de la pile. L'Angleterre ne voulut (pas se laisser distancer dans une voie où elle avait trouvé de si beaux succès ; une seconde souscription fut ouverte pour construire une pile plus puissante encore, et la mettre à la disposition de Davy. Elle fut installée dans le laboratoire de l'Institution royale de Londres, et servit encore à de brillantes découvertes. Quant aux Français Gay-Lussac et Thénard, ils avaient contrôlé et confirmé celles de Davy sur les alcalis et les terres. Mais ils avaient suivi pour arriver aux mêmes résultats des procédés qui leur apparte-

naient en propre ; c'est ainsi qu'ils avaient trouvé une méthode
pour obtenir en assez grande quantité le potassium et le sodium,
dont avant eux on n'avait eu que des gouttelettes.

Avant de clore ce paragraphe, disons quelques mots des quatre
savants illustres dont les noms ont été si souvent prononcés.

Sir Humphry Davy naquit en 1778, à Penzance, dans le comté de
Cornwall (Angleterre). Il s'occupa d'abord de pharmacie ; plus tard

Fig. 46. — Louis Thénard, né près de Nogent-sur-Seine, en 1777 ; mort en 1857.

le comte de Rumford le fit nommer professeur de chimie à l'Institution royale de Londres. Il fut, comme on a pu le voir, un des
premiers parmi les chimistes et les physiciens de son temps. Outre
ses travaux sur les effets des piles électriques, il fit de belles expériences sur les propriétés du protoxyde d'azote ; il inventa une
lampe de sûreté à l'usage des mineurs. En 1803, il fut nommé
membre de la Société royale de Londres ; en 1812, le roi Georges IV
lui conféra un titre de noblesse. Il mourut en 1829.

Jean-Jacques Berzélius naquit en 1779, à Westerlœsa, près de
Linkœping (Suède). Il étudia la médecine et les sciences d'obser-
vation à l'université d'Upsal. Professeur au Collège de santé de
Stockholm, il fut, en 1808, nommé membre de l'Académie des

sciences de cette ville. Le roi Charles XIV le créa baron en 1835,
puis sénateur en 1838. L'Académie des sciences de Paris l'avait
nommé, en 1822, un de ses membres associés étrangers. Ses travaux considérables, et généralement d'une rare exactitude, ont
enrichi la chimie de beaucoup de principes et de faits nouveaux. Il
fit jouer à l'électricité un rôle important dans tous les phénomènes
chimiques. Il découvrit le *sélénium*, le *thorium*, les composés du
soufre et du phosphore, le *silicium* et plusieurs autres corps
simples. Il mourut en 1848.

Louis-Joseph Gay-Lussac, né en 1778, à Saint-Léonard (France,
Haute-Vienne), fut élève de l'École polytechnique, puis de l'École
des ponts et chaussées. D'abord répétiteur de chimie, puis professeur à l'École polytechnique, il professa en outre la physique générale au Collège de France, et la chimie à la Faculté des sciences
de Paris et au Muséum d'histoire naturelle. Il remplit aussi
diverses fonctions administratives d'un caractère scientifique. On
ne peut étudier de nos jours la physique et la chimie sans rencontrer son nom fréquemment cité pour des découvertes d'une importance fondamentale. Il était entré en 1806 à l'Académie des
sciences de Paris. Il fut élu député en 1831, puis pair de France en
1839. Il est mort en 1850.

Louis-Jacques Thénard naquit en 1777, à la Louptière, près de
Nogent-sur-Seine (France, Aube). Fils d'un simple cultivateur, il
devint l'un des chimistes les plus célèbres de son temps. Il fut professeur à l'École polytechnique et au Collège de France. Il fut
nommé à l'Académie des sciences de Paris en 1810. Le roi
Charles X le créa baron. Il siégea à la chambre des députés pendant
quatre ans à partir de 1828, puis à la chambre des pairs jusqu'en
1848. Son influence sur l'enseignement public fut des plus
heureuses en ce qui concerne l'instruction scientifique de la jeunesse française dans la première moitié du xixe siècle. Il enrichit
la chimie d'un grand nombre de découvertes, et l'industrie de
beaucoup de procédés nouveaux fondés sur les principes de la
chimie. Né dans une situation très pauvre, il acquit de la façon la
plus honorable une très belle fortune. Il est mort en 1857.

CHAPITRE XII

LA MÉTALLURGIE ÉLECTRIQUE

§ 1. — LA GALVANOPLASTIE

Au milieu des innombrables expériences que suscitait, dès l'année 1800, l'invention de la pile de Volta, on reconnut de très bonne heure que lorsqu'on plonge, sans les joindre ensemble, les deux rhéophores d'une pile électrique dans une dissolution d'un sel métallique (sulfate de cuivre, de fer, de zinc, acétate de plomb, azotate d'argent, chlorure d'or), le courant, en se propageant à travers le liquide, décompose le sel dissous. Le signe le plus apparent de cette décomposition est la formation d'un dépôt du métal à l'électrode négative. Le fait en lui-même excitait assez vivement l'attention, mais on ne songeait pas encore à en rechercher les applications pratiques. Ces dépôts métalliques ne paraissaient pas d'ailleurs avoir la cohésion et l'éclat que l'on connaît aux métaux employés dans l'industrie. Cependant dès 1801 Brugnatelli, collaborateur de Volta, avait doré des pièces d'argent au moyen du courant voltaïque. Les objets destinés à être dorés étaient solidement fixés à un fil d'acier ou d'argent que l'on rattachait à l'électrode négative de la pile; ils étaient plongés dans un liquide tenant en dissolution un sel d'or; une grosse bande de carton mouillé rejoignait l'électrode positive. Au bout de quelques heures l'argent se trouvait complètement doré : il suffisait alors de brunir la couche d'or par les moyens habituels, pour avoir une dorure parfaite. Il semble que Brugnatelli, dont je viens de citer à peu près les expressions, devait s'apercevoir qu'il y avait là un nouveau procédé de dorure par le moyen de l'électricité; il s'en préoccupa médiocrement, lui et ses contemporains.

En 1836, le physicien anglais Daniell imagina la nouvelle disposition de la pile électrique qui a gardé son nom. Dans le cours des expériences qu'il fit pour en reconnaître les propriétés, il obtint un dépôt de cuivre à l'électrode négative. Ce dépôt provient de la solution de sulfate de cuivre que l'on emploie dans ce genre de piles. Daniell examina ce dépôt avec soin, et il remarqua que les divers accidents de la surface de l'électrode (qui dans la première disposition était en platine), étaient scrupuleusement reproduits par le dépôt de cuivre. Il y avait là, en un mot, un surmoulage des plus exacts et une adaptation complète du cuivre déposé sur la matière de l'électrode; c'était véritablement un *cuivrage galvanique*, ou, si l'on veut, une opération de *galvanoplastie*. Daniell ne pensait qu'à la construction de sa pile, et il passa outre. Peu de temps après, de la Rive revit les mêmes faits, les signala à son tour, mais ne s'occupa pas des procédés industriels auxquels ils pouvaient conduire. Il faut dire cependant qu'avant l'invention de la pile de Daniell, toute application de ce genre avait peu de chances de succès. Ces sortes d'opérations exigent des piles dont l'énergie demeure invariable pendant un temps fort long. La pile de Daniell est la première qui ait réalisé cette condition. Mais, au mois de septembre 1837, un physicien anglais, Thomas Spencer, faisait à Liverpool des expériences pour la production de certains minéraux naturels, par des courants voltaïques de faible intensité. Il revit les mêmes faits de surmoulage à l'électrode négative. Il lui sembla que le dépôt de cuivre était homogène, compact, et présentait même l'éclat ordinaire de ce métal. Aussitôt l'idée lui vint qu'il

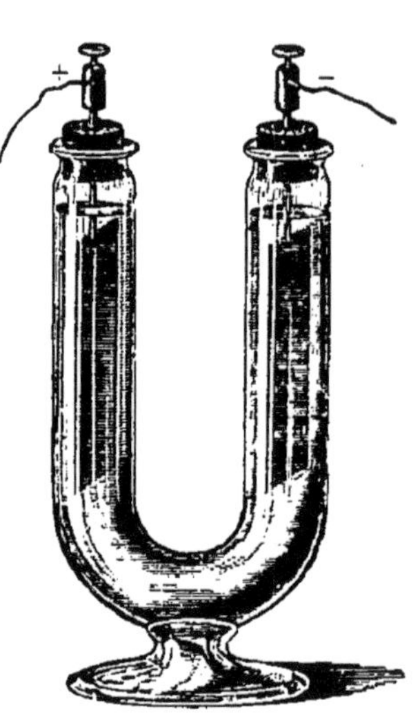

Fig. 47. — Appareil disposé pour la décomposition d'un sel métallique par le courant voltaïque.

pourrait ainsi reproduire les traits les plus fins que le burin a tracés sur une planche de cuivre verni. Il prit une lame de cuivre, la recouvrit d'un vernis résineux, puis avec un burin il traça dans le vernis des caractères d'écriture; il disposa cette planche à l'électrode négative d'une pile, et le dépôt, au bout de quelques heures, reproduisait fidèlement en relief les caractères tracés en creux sur le vernis. On put mettre cette planche galvanique sous la presse et en tirer des épreuves sur papier. C'était en quelque sorte un *cliché galvanique*. Dès 1838, des épreuves de ce genre commencèrent à se répandre dans le public.

Une autre remarque non moins sagace conduisit Thomas Spencer à compléter son invention. Un jour, ne trouvant pas à sa portée un des disques de cuivre dont il se servait dans ses expériences, il prit pour le remplacer une pièce de monnaie; il la réunit à une rondelle de zinc par un fil métallique, plongea le cuivre dans un verre renfermant un bain de sulfate de cuivre, et le zinc dans un autre verre contenant de l'eau salée. L'expérience qu'il avait en vue lui parut, après quelques heures, ne pas devoir réussir. Il démonta son petit appareil, et, pour débarrasser la pièce de monnaie, qui formait le pôle négatif, il arracha le dépôt de cuivre dont elle était couverte. Il remarqua alors, avec un vif intérèt, que ce dépôt formait un moule exact de la pièce de monnaie; il prit une loupe et s'assura que les moindres détails étaient scrupuleusement reproduits. Thomas Spencer conçut tout de suite la possibilité d'obtenir dans ce moule si parfait une contre-épreuve galvanique qui serait un *fac-similé* de la pièce originale. Immédiatement il se mit à l'œuvre, et quelques mois après on vendait communément à Liverpool des médailles obtenues ainsi par *galvanoplastie*, c'est-à-dire par moulage galvanique.

Ainsi Thomas Spencer, à la fin de 1837, posa les bases d'une nouvelle méthode de métallurgie. Il enseignait à retirer les métaux de leurs dissolutions salines pour les façonner au gré de l'homme.

Malheureusement il n'était pas seul à produire cette invention : à l'autre bout de l'Europe, un autre physicien arrivait en même temps, et par ses seuls efforts, à des résultats semblables.

En février 1837, le Russe Jacobi fit à Dorprat des expériences qui aboutirent aussi à reproduire en relief, par galvanoplastie, des caractères gravés en creux sur une planche de cuivre. Le 17 octobre il communiqua les résultats de ses travaux à l'Académie des sciences de Saint-Pétersbourg. Cette communication produisit un grand effet dans la société russe intelligente; l'empereur voulut voir l'inventeur et le complimenter. En même temps il mit à sa disposition tous les fonds dont il pourrait avoir besoin pour continuer ses travaux. Jacobi sut en faire bon usage, et, en 1839, il introduisit dans la galvanoplastie un perfectionnement qui lui donna toute l'importance industrielle dont elle jouit aujourd'hui. Les opérations galvanoplastiques sont extrêmement délicates, en ce qu'il suffit d'une certaine variabilité dans les courants pour que le dépôt soit d'une texture irrégulière ou présente même des trous ou des éraillures.

Le procédé que l'on employait dans l'origine consistait à disposer l'objet sur lequel on voulait obtenir un dépôt métallique dans la pile elle-même ; celle-ci comprenait deux compartiments, l'un rempli de sulfate de cuivre, l'autre d'acide sulfurique. On mettait une pièce de zinc dans le bain d'acide, une pièce de cuivre dans le bain saturé de sulfate de cuivre, et sur cette pièce de cuivre on plaçait l'objet dont on voulait une reproduction; un fil métallique réunissait les deux pièces et établissait le courant; au bout d'un certain nombre d'heures le dépôt galvanique était fait. Dans cette disposi-

tion, le bain de sulfate de cuivre s'appauvrissait peu à peu; il en
résultait des variations dans le courant : on était obligé d'introduire
dans l'appareil de nouveaux cristaux de ce sel. Cela constituait une
méthode très peu fidèle; les insuccès étaient encore assez fréquents.
Comme la cause de l'épuisement du bain cuivrique était la formation du dépôt à l'électrode négative, Jacobi chercha si, au lieu
d'ajouter du sulfate de cuivre, il ne suffirait pas de placer dans le
bain une lame de cuivre métallique aux dépens de laquelle le sulfate décomposé pût se régénérer. Cette lame, destinée à se dissoudre
peu à peu dans le bain lui-même, il l'attacha à l'électrode positive;
c'est ce qu'on appelle l'*électrode soluble*. Seulement il faut que les

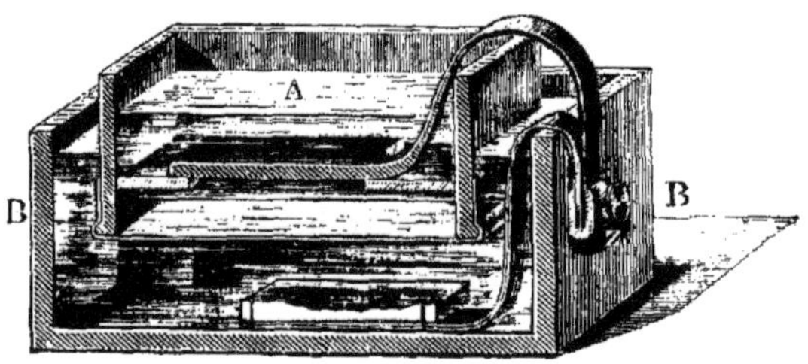

Fig. 48. — Appareil simple pour la galvanoplastie.

A, vase intérieur, dont le fond est un morceau de vessie, et qui contient de l'acide
sulfurique très étendu d'eau. — B, vase extérieur, contenant une solution saturée
de sulfate de cuivre.

deux électrodes soient plongées dans le bain de sulfate de cuivre;
il faut par conséquent produire le courant dans une pile distincte
du bain où s'opère le dépôt galvanique.

Depuis cet ingénieux perfectionnement, l'art de la galvanoplastie
donne des résultats régulièrement heureux, et ils sont obtenus dans
un temps beaucoup plus court. Restait encore une gêne considérable : l'objet que l'on voulait reproduire ne pouvait être d'une
substance mauvaise conductrice de l'électricité; il fallait donc opérer
toujours avec un moule en cuivre. Mais bientôt cet obstacle lui-
même fut écarté ; on reconnut en effet que, pour rendre conducteur
un moule fait avec une substance non conductrice, il suffisait de
recouvrir la surface du moule de plombagine (mine de plomb) finement pulvérisée. Dès lors on put se servir habituellement de moules
en plâtre ou en cire à cacheter, puis on employa la gélatine coulée
à chaud et qu'on laissait refroidir; enfin la substance préférée fut
définitivement la gutta-percha. C'est une substance végétale analogue au caoutchouc; elle se ramollit dans l'eau chauffée à 50°; on
peut alors l'appliquer sur n'importe quel objet, elle s'y adapte avec

une finesse extrême. En refroidissant elle devient résistante, et on la détache sans difficulté de l'objet dont on a voulu prendre l'empreinte. C'est ainsi qu'on se procure un moule dans lequel le courant voltaïque engendrera un dépôt de cuivre reproduisant l'objet dont la gutta-percha avait gardé l'image en creux.

La galvanoplastie sert aujourd'hui à reproduire des médailles, des timbres, des cachets, des statuettes, des statues et même des groupes de très grandes dimensions. On a pu faire naître ainsi dans le bain de sulfate de cuivre des pièces artistiques de huit et dix mètres de hauteur. Les applications les plus importantes de cet art nouveau sont peut-être celles qui concernent la typographie : on fabrique ainsi les moules ou matrices de certains caractères d'imprimerie; tous les clichés typographiques se font aujourd'hui par ce moyen. Quant aux applications de la galvanoplastie à la reproduction des planches de cuivre gravées ou des gravures sur bois, elles constituent une branche spéciale de procédés industriels dans les détails de laquelle il est impossible d'entrer.

§ 2. — Elkington et de Ruolz

La dorure et l'argenture sont deux industries fort anciennes; elles ont pour but de couvrir d'une couche d'or ou d'argent la surface d'un objet fait en un métal de moindre prix. Il est vrai que l'on dore aussi, que l'on argente quelquefois le plâtre, le bois, le cuir, le carton, le papier; mais nous n'avons à nous occuper ici que de la dorure et de l'argenture sur métaux. Les anciens connaissaient déjà une méthode qui, jusqu'au milieu du XIXe siècle, suffisait à tous les besoins; c'est la *dorure au mercure.* On profite de la faculté qu'a l'or de se dissoudre dans le mercure; cette dissolution donne une combinaison ou amalgame que l'on applique sur la pièce que l'on veut dorer. Celle-ci se trouve donc recouverte d'une couche d'un composé d'or et de mercure. On peut alors, en chauffant suffisamment la pièce, faire volatiliser le mercure, et il ne reste plus sur la pièce métallique que la couche d'or parfaitement adhérente. On pouvait certainement, dans l'industrie, se contenter d'un procédé si simple et si parfait; mais il était en même temps d'une insalubrité déplorable : les ouvriers doreurs avaient sans cesse les mains dans le mercure; de plus, entourés de vapeurs mercurielles, ils en absorbaient à tous moments. Le résultat de ces conditins malsaines était un véritable empoisonnement lent et progressif. Un grand nombre d'ouvriers mouraient jeunes, et tous étaient attaqués de ce qu'on a appelé le tremblement mercuriel. Vainement, en

1816, Ravrio, riche fabricant de bronzes, avait proposé un prix de trois mille francs pour celui qui supprimerait les causes d'insalubrité dans l'art de la dorure ; vainement le chimiste d'Arcet, par l'invention d'un fourneau à tirage perfectionné, était parvenu à enlever rapidement les vapeurs mercurielles ; vainement l'Académie, ayant constaté l'efficacité du procédé, lui décerna le prix ; vainement l'autorité publique obligea les fabricants à faire construire des fourneaux de ce système : ouvriers et patrons s'entendaient instinctivement pour se servir des anciens fourneaux et demeurer fidèles aux vieilles et malsaines pratiques.

Lorsqu'on reconnut les effets chimiques de la pile, plusieurs savants songèrent à en profiter pour opérer la dorure sans avoir recours au mercure. De la Rive, en 1825, fit de grands efforts pour créer un procédé de dorure par le courant électrique. Les piles voltaïques que l'on possédait alors étaient d'une imperfection qui ne lui permirent pas d'y réussir. Après la découverte de la galvanoplastie, de la Rive reprit la question et en donna une solution incomplète qui ne pouvait rivaliser avec la dorure au mercure.

Enfin, en 1836, l'Anglais Elkington, qui ne fut jamais un inventeur, mais qui était un capitaliste et un habile industriel, acheta un brevet pour un procédé de dorure applicable sur le cuivre et les alliages de ce métal. Il est bien entendu qu'il n'employait le mercure en aucune façon. C'est le procédé connu encore aujourd'hui sous le nom de *dorure au trempé* ou *par immersion*. On prépare une dissolution de chlorure d'or et de carbonate de soude ; on la fait bouillir ; alors on y plonge, après les avoir soigneusement nettoyés, les objets que l'on veut dorer ; on les retire, au bout de quelques minutes, recouverts d'une mince couche d'or. Dès le xviiie siècle, le chimiste français Macquer avait indiqué le phénomène chimique qui se passe dans ce cas, et l'industrie en tirait parti pour dorer de petites pièces employées en horlogerie. Le seul mérite du procédé breveté au nom d'Elkington consistait à donner le moyen d'opérer sur des pièces d'assez grandes dimensions. Il sert encore aujourd'hui pour dorer le filigrane de cuivre et les ornements délicats que l'on ne peut frotter pour les brunir en les polissant. Tout en exploitant ce procédé partiellement efficace, Elkington rêvait toujours d'appliquer la dorure et l'argenture sur tous les métaux.

A la même époque, le même problème occupait toutes les veilles d'un jeune gentilhomme français qui avait éprouvé, quelques années auparavant, de cruels revers de fortune, et qui demandait au travail les moyens de les réparer. Henri de Ruolz avait brillamment débuté comme compositeur musical. Ruiné tout à coup un

mois après son premier succès, il avait essayé de poursuivre sa
carrière, et l'Académie royale de musique avait représenté un opéra
de lui, nommé *la Vendetta*, que le public accueillit très chaleureu-
sement. Néanmoins les exigences de la vie quotidienne l'obligèrent
à rechercher des moyens d'existence plus certains. Il songea à utiliser les connaissances scientifiques dont l'étude avait autrefois été
pour lui un agréable passe-temps. Un fabricant de teinture l'attacha à sa maison. C'est là qu'un jour le frère de son patron vint
lui demander s'il pourrait trouver le moyen de dorer des objets en
filigrane de cuivre, auxquels on ne pouvait appliquer la dorure au
mercure. De Ruolz s'adonna bientôt à cette question avec ardeur :
il rechercha les moyens de dorer toute espèce de pièces métalliques
en décomposant des dissolutions aurifères par les courants électriques ; il étendit même ses recherches à l'argenture. Le 19 décembre 1840, il prit un brevet pour l'exploitation des procédés
qu'il avait su trouver ; le 9 août 1841, il exposa sa découverte
devant l'Académie des sciences de Paris ; et, le 29 novembre,
J.-B. Dumas, dans un magnifique rapport, fit ressortir la valeur
des procédés nouveaux et esquissa le brillant avenir qu'il entrevoyait pour eux. Malgré ce succès académique, de Ruolz eut bien
de la peine à former une société commerciale pour exploiter ses
procédés. Au moment où il allait commencer à livrer ses produits
au public, Elkington y mit opposition au nom d'un brevet par lui
pris en France pour une méthode de fabrication presque identique,
mais dont de Ruolz n'avait eu aucune connaissance. En réalité, ces
procédés et ceux de la dorure au trempé, qu'Elkington exploitait
depuis quatre ans à Birmingham, n'étaient pas son œuvre, mais
il s'en était rendu propriétaire à prix d'argent ; il avait acheté les
découvertes d'un pauvre chimiste anglais nommé Wright. Cependant le brevet français d'Elkington, parfaitement valable, avait
été pris le 27 septembre 1840, c'est-à-dire deux mois et vingt-deux
jours avant celui de de Ruolz. Ce conflit se termina par une entente
des deux compétiteurs : au lieu de porter le nom seul de l'inventeur
français, la maison ouverte à Paris s'intitula : Elkington et de Ruolz.
Quelques mois après, les deux rivaux, devenus associés, reçurent
collectivement, de l'Académie des sciences, un grand prix Montyon
de 12000 francs pour l'assainissement des arts insalubres. En
même temps, avec un remarquable esprit d'équité, l'Académie
accordait un prix de 4000 francs à de la Rive, qui, disait-elle,
avait préparé la découverte des procédés de dorure et d'argenture
par l'électricité.

§ 3. — LA DORURE ET L'ARGENTURE ÉLECTRIQUES

Dans un bain d'un sel d'or ou d'un sel d'argent, on fait arriver les fils conducteurs, ou rhéophores, d'une pile électrique : à l'électrode négative, dans le bain aurifère ou argentifère, on suspend les pièces que l'on se propose de dorer ou d'argenter. L'électrode positive est pourvue de son côté de lames d'or ou d'argent constituant l'électro-soluble. La question difficile à résoudre, au point de

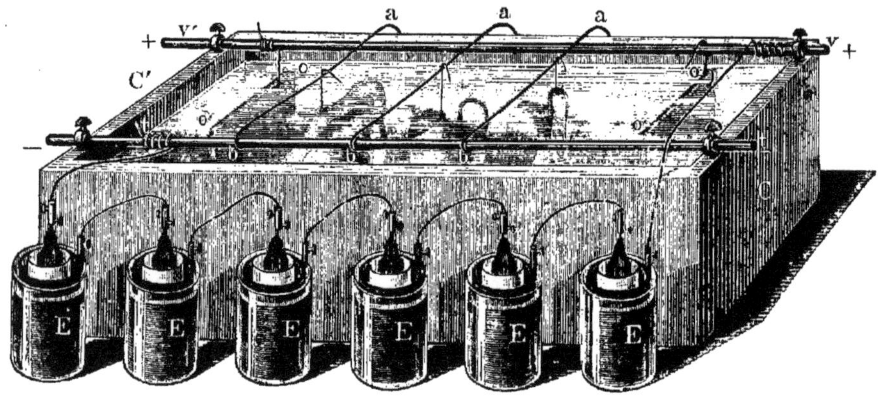

Fig. 49. — Appareil composé pour la dorure électrique : pile de 6 éléments ; cuve à bain d'or.

vue du meilleur succès possible, consistait dans le choix du sel d'or ou du sel d'argent qu'il convenait d'employer. Celui qui a obtenu la préférence est le *cyanure d'or* ou *d'argent*. Le bain d'or le plus employé se fait de la manière suivante : on dissout 100 grammes de cyanure de potassium dans 1 litre d'eau distillée ; on filtre, puis on ajoute à la liqueur 10 grammes de cyanure d'or bien lavé, séché à l'abri de la lumière et broyé avec précaution dans un peu d'eau. Le liquide ainsi composé est mis dans un flacon bouché à l'émeri, que l'on maintient dans l'obscurité. On le remue fréquemment, et l'on entretient une température de 15° à 25°. La dissolution est bonne à employer au bout de trois jours. Pour faire un bain d'argent, on dissout dans 1 litre d'eau distillée 8 grammes de cyanure d'argent et 40 grammes de cyanure de potassium. Le bain d'or s'emploie d'habitude à chaud ; la température est d'environ 60°.

On opère dans une cuve analogue à celle que l'on emploie pour

la galvanoplastie. Cette cuve est représentée dans la figure 49 avec
la pile composée de six éléments EE, qui lui fournit le courant. De
l'une des extrémités de la pile (à droite) un fil conducteur se rend
à la tige *vv*; il communique avec le pôle positif. A cette tige sont
suspendues les électrodes solubles *oo*. Le pôle négatif de la pile
est en communication avec la tige *tt*, à laquelle se rattachent les

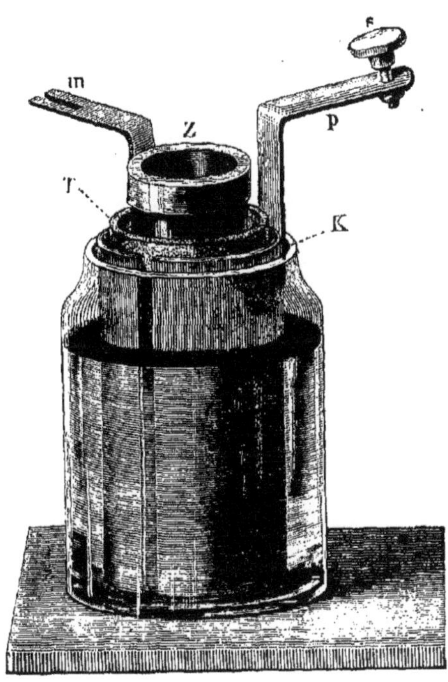

Fig. 50. — Un élément, tout monté, d'une pile électrique de Daniell.

fils transversaux *ab*, qui ne touchent pas l'autre tige. A ces fils
transversaux sont suspendues les pièces que l'on veut dorer ou
argenter.

Les piles que l'on emploie, aussi bien pour la dorure et l'argenture que pour la galvanoplastie, sont celles de Daniell ou de Bunsen.
Il est bon d'opérer avec un faible courant.

La figure 50 représente un élément isolé d'une pile de Daniell.
Dans un vase extérieur en verre (ou en grès) on voit d'abord un
large cylindre de cuivre K, dans lequel on introduit un vase T,
qui est en terre poreuse; enfin, dans ce vase est reçu un cylindre
en zinc Z. Entre le vase extérieur et le vase en terre poreuse
est un bain de sulfate de cuivre saturé; le vase en terre poreuse
contient de l'acide sulfurique étendu d'eau. Le conducteur *p* tient

au cylindre de cuivre et peut, au moyen de la vis *s*, se rattacher au conducteur zinc de l'élément voisin. Ce dernier conducteur est identique à celui que l'on voit en *m*, fixé au cylindre de zinc. Dans la pile ainsi disposée, le zinc forme le pôle négatif, et le cuivre le pôle positif.

La figure 51 représente un élément de Bunsen. Sa forme est ana-

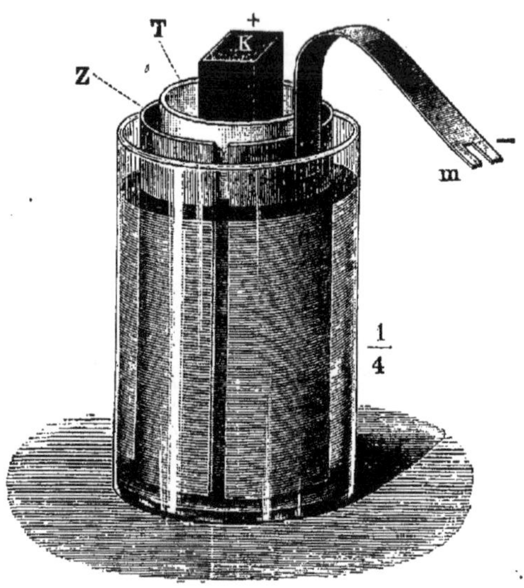

Fig. 51. — Un élément de la pile de Bunsen.

logue à celle du précédent. Il se compose d'un cylindre de zinc Z baignant dans de l'acide sulfurique étendu; en dedans se voit un vase en terre poreuse T, qui contient de l'acide azotique; dans celui-ci baigne un prisme de charbon de cornue (coke graphitoïde) K. Le conducteur *m* sert à joindre, au moyen d'une pince à vis de pression, le zinc de l'élément ici représenté au charbon de l'élément suivant.

CHAPITRE XIII

LES DÉBUTS DE LA TÉLÉGRAPHIE

§ 1. — L'ABBÉ CLAUDE CHAPPE

Dans un séminaire situé près d'Angers s'élevait un jeune garçon destiné à l'état ecclésiastique. Il appartenait à une famille aisée, mais il avait quatre frères destinés à diverses carrières laïques; aussi avaient-ils été placés dans un pensionnat de la même ville, éloigné du séminaire d'environ deux kilomètres. Cette sorte d'exil pesait lourdement au pauvre garçon, et sa pensée se reportait souvent vers ces amis de son enfance, élevés au même foyer que lui. L'austérité du séminaire lui rendait ces souvenirs plus chers et lui faisait regretter amèrement le temps où il avait pour confidents habituels ceux qu'il sentait si loin et si près de lui. Du séminaire on pouvait, en se hissant sur quelque mur, voir distinctement le jardin du pensionnat. Le pauvre enfant aurait voulu y distinguer ses frères au milieu de leurs camarades. Lorsqu'il les cherchait ainsi, il rêvait quelque moyen réciproque de se reconnaître et de communiquer avec eux à travers l'espace. Les écoliers de tous les temps ont eu pour outils habituels leurs règles, leurs couteaux, quelques clous ou de fortes épingles. Le jeune séminariste imagina de construire un appareil à signaux avec ces modestes moyens. Il prit deux règles, plaça l'une par son milieu sur un pivot, coupa l'autre en deux morceaux qu'il ajusta avec une espèce de charnière aux deux extrémités de la première : il eut ainsi une barre tournant sur pivot et munie de deux ailes mobiles. En combinant de diverses manières les positions réciproques de ces trois pièces, il parvint à former un certain nombre de signaux de sens convenu. Ses frères lui répondirent de la même façon; et voilà comment, en 1778, ces jeunes garçons se parlaient par le télégraphe, quoiqu'il n'existât pas encore. Le jeune séminariste s'appelait Claude Chappe; il était né en 1763, à Brûlon, aujourd'hui dans le département de la Sarthe. Il devait illustrer son nom par une invention qui fut très utile en son temps, celle du *télégraphe aérien*.

Quelques années après ce qui vient d'être raconté, Claude Chappe était abbé et jouissait, près de Provins, d'un bénéfice ecclésiastique qui lui permettait d'obéir à son goût naturel pour les sciences physiques. Ses frères avaient aussi acquis des positions satisfaisantes, quand éclata la révolution française. Cette terrible commotion bouleversa l'existence des frères Chappe : en peu de temps l'abbé perdit son bénéfice, et trois de ses frères leur situation. Ils regagnèrent tous quatre le toit paternel de Brûlon, et y reçurent l'hospitalité de celui de leurs frères qui en allait hériter. Poursuivis par les angoisses du présent et les inquiétudes de l'avenir, ils cherchaient souvent par quel moyen ils pourraient se rendre utiles et s'ouvrir ainsi une nouvelle carrière. Alors Claude Chappe se rappela l'appareil à signaux du séminaire. Il savait combien le pouvoir qui de Paris gouvernait la France avait besoin de multiplier les moyens de correspondance avec les divers points du territoire. Il se persuada qu'il y avait un parti à tirer de ce souvenir d'écolier : son esprit se passionna pour cette idée, et il décida ses frères à l'aider dans ses projets.

Le premier résultat qu'il obtint fut peu satisfaisant. Même en le perfectionnant, son appareil à règles mobiles ne se prêta pas facilement aux exigences du problème. L'idée lui vint d'appeler à son aide les connaissances que l'on avait alors en électricité. Il réussit moins bien encore, car la science de ce temps était trop peu avancée pour une pareille application. Revenant donc à des moyens plus simples, il parvint à établir une correspondance par signes, de sa résidence de Brûlon à un autre point distant de douze kilomètres. Il crut alors pouvoir venir à Paris montrer les résultats obtenus. C'était à la fin de 1791. Il obtint, après bien des peines, la permissoin de dresser un de ses télégraphes à la barrière de l'Étoile. Mais à peine avait-il commencé ses expériences, que l'appareil fut volé pendant une nuit, sans qu'on ait jamais bien su par qui ni pourquoi. Il sollicita une nouvelle autorisation avec le crédit de son frère aîné, qui venait d'être nommé député à l'Assemblée législative. Il réussit à l'obtenir, et il établit un nouveau télégraphe; le système de signaux était profondément modifié : il s'agissait d'un grand tableau rectangulaire à compartiments de plusieurs couleurs, élevé en l'air de façon à se voir de loin ; un mécanisme assez simple faisait paraître ou disparaître tels ou tels compartiments. Ce système ne fut jamais employé en France; mais le télégraphe aérien qui, en Suède et en Angleterre, précéda les télégraphes électriques, était du même genre. L'expérience de Claude Chappe avait lieu à Ménilmontant. Malheureusement la population des alentours, qui ne savait ce dont il s'agissait, conçut de l'échange des signaux les plus vives alarmes. Un beau jour elle mit le feu au

Fig. 52. — Un poste du télégraphe aérien, qui fonctionna en France
de 1794 à 1845.

télégraphe, et les frères Chappe durent se sauver pour ne pas subir le même sort.

Claude Chappe n'était pas homme à se décourager. Il recommença et obtint même une plus large installation : un poste télégraphique à Ménilmontant, un deuxième à Écouen, à vingt kilo-

mètres du premier ; un troisième, seize kilomètres plus loin, à
Saint-Martin-du-Tertre. Il changea encore une fois le système de
signaux. Chaque poste se composait d'une maisonnette surmontée
d'un grand support au bout duquel on pouvait faire mouvoir trois
barres mobiles, une barre principale et ses deux ailes. Après tous
les essais nécessaires, il obtint enfin que la Convention s'occupât

Fig. 53. — Tombeau de Claude Chappe au cimetière de l'Est (du Père-Lachaise),
à Paris.

de son système télégraphique. Des expériences officielles eurent lieu
le 12 juillet 1793. Elles durèrent trois jours, et les conventionnels
délégués pour y assister en rendirent le témoignage le plus favorable. Claude Chappe et ses frères furent chargés d'établir une ligne
télégraphique de Paris à Lille. Celle-ci fut prête à fonctionner le 30 novembre 1794, et la première dépêche qu'elle transmit annonçait la
prise de Condé sur les Autrichiens par l'armée de la république.
Quatre ans après on établit une ligne de Paris à Strasbourg. Puis
vint celle de Paris à Dijon. Les frères Chappe furent placés à la tête

de l'administration des télégraphes. Claude mourut par accident en 1805, mais ses frères restèrent pourvus de leurs emplois jusqu'en 1830.

L'exemple donné par la France engagea d'autres puissances à établir des lignes télégraphiques : la Suède, dès 1794 ; l'Angleterre, en 1796 ; l'Allemagne, beaucoup plus tard, et la Russie, seulement en 1834.

§ 2. — Inconvénients des télégraphes a signaux aériens

Pour les hommes de nos jours, le mot télégraphe ne rappelle plus que l'idée du télégraphe électrique ; car depuis longtemps déjà le vieux système a disparu. Mais, il faut le dire, au commencement du xix° siècle ces moyens de communication relativement rapides paraissaient réaliser un progrès merveilleux. Cependant le télégraphe aérien avait des défauts qui nous paraîtraient aujourd'hui intolérables. D'abord, lorsqu'on relit les dépêches de cette époque, on y trouve de singulières traces des imperfections de l'appareil. Il n'est pas rare d'en rencontrer parfois d'une grande importance qui ne sont pas achevées. Après quelques mots, des points, puis entre parenthèses (interrompue par le brouillard), ou bien (interrompue par le mauvais temps). En effet, quand une station faisait des signaux, l'employé placé dans la station voisine devait pour les reproduire les voir avec une lunette. Un brouillard même d'une épaisseur médiocre, une pluie abondante, ne permettait plus de rien distinguer. De plus, il faut remarquer que le matin et le soir les brumes et les brouillards troublent habituellement l'atmosphère. Voilà donc des moments de la journée où la transmission des dépêches n'était possible que par exception ; quant à la nuit, il n'y fallait pas songer : c'était la moitié du temps de l'année complètement retranchée pour le jeu de cet appareil. On essaya bien d'organiser des signaux lumineux ; mais, quelque persévérance qu'on y ait mise, en général on n'y a pas réussi. Quelques chiffres feront apprécier les inconvénients du télégraphe aérien. L'expérience a prouvé qu'en France la somme des heures pendant lesquelles il fonctionnait bien représente 92 jours sur 365. Aussi Claude Chappe était-il contraint d'avouer que, parmi les dépêches administratives auxquelles le service du télégraphe était réservé, un quart seulement arrivait avec promptitude à destination ; un second quart n'y parvenait que six, douze ou vingt-quatre heures après leur remise au télégraphe ; enfin la moitié était envoyée par la poste ou retirée pour impossibilité de transmission.

Ce défaut était on ne peut plus grave ; car c'est après la journée où les affaires se discutent, se décident ou s'exécutent, qu'il importe d'envoyer rapidement les avis et les ordres. Le premier mérite d'un système de télégraphie, c'est donc de fonctionner facilement toute la soirée et toute la nuit. Il n'y a pas à s'étonner que la télégraphie électrique ait mis hors d'usage et même fait tomber dans l'oubli la télégraphie par signaux aériens.

§ 3. — LES ESSAIS DE TÉLÉGRAPHIE ÉLECTRIQUE

On se tromperait si l'on croyait que l'invention de l'abbé Chappe parut à la fin du xviii° siècle, sans qu'aucune idée de ce genre se fût produite avant lui. Le plus ancien exemple de télégraphie à signaux que l'on puisse citer remonte au xviie siècle et se rapporte au physicien Guillaume Amontons, né à Paris en 1663, et mort en 1705. Ceux qui seraient curieux de connaître la machine à signaux imaginée par lui en 1690, et qu'il produisit dans quelques réunions d'un public d'élite, pourront se reporter à l'*Éloge d'Amontons*, écrit par Fontenelle. En tout cas, l'invention dont il s'agit n'eut aucune suite.

Mais si la télégraphie aérienne avait des précédents avant les travaux de l'abbé Chappe, la télégraphie électrique, qui l'a détrônée, a traversé une longue période de tentatives sans résultats.

Le premier qu'il convienne de citer parmi ceux qui ont ainsi devancé les temps est un savant génevois de famille française, qui s'appelait Georges-Louis Lesage. En 1774, il exécuta à Genève des expériences télégraphiques fondées sur les propriétés de l'électricité. Il n'est pas inutile de connaître un peu les moyens qu'il employait, pour apprécier si les connaissances qu'on avait alors en électricité permettaient réellement d'organiser un système télégraphique. L'appareil d'essai que Lesage montrait au public du temps comprenait vingt-quatre fils métalliques (autant que de lettres dans l'alphabet) séparés les uns des autres par une substance non conductrice de l'électricité ; chacun de ces fils aboutissait à un électroscope composé d'une petite balle de moelle de sureau suspendue à un fil de soie. Chaque électroscope portait le nom d'une lettre ; à mesure que l'on voulait transmettre cette lettre dans la dépêche, on mettait le fil conducteur correspondant en relation avec une machine électrique en activité. Aussitôt la balle de l'électroscope s'écartait du fil, et c'était le signe qui indiquait la lettre. On comprendra sans peine qu'un appareil aussi compliqué et d'un maniement aussi peu rapide n'était destiné qu'à des expériences de cabinet. Il en est de même des appareils nombreux proposés vers la fin du xviii⁰ siècle en France, en Espagne, en Allemagne, dans le but de correspondre à distance au moyen de l'électricité.

L'ardeur pour les tentatives de ce genre s'accrut après l'invention de la pile de Volta. En 1811, un télégraphe électrique, beaucoup mieux disposé qu'aucun des précédents, fut imaginé par le physicien allemand Sœmmering. Ce savant avait voulu utiliser la décomposition de l'eau par la pile. Son appareil n'aurait jamais pu être mis dans la pratique; mais il montre que cet inventeur sentait parfaitement ce qu'on pouvait espérer de l'électricité pour la transmission rapide de la pensée. On ne pouvait guère aller plus loin de son temps.

Une découverte de l'année 1819 permit de faire un nouveau pas en avant. Un physicien danois, nommé Œrstedt, eut l'idée d'approcher d'une aiguille aimantée les conducteurs d'une pile voltaïque, rattachés l'un à l'autre de manière à constituer un circuit fermé où le courant électrique est établi; il s'aperçut que le voisinage du courant électrique influe sur la position de l'aiguille aimantée. Abandonnée à elle-même, cette aiguille prend et garde la direction du méridien magnétique, c'est-à-dire qu'elle dirige vers le nord l'une de ses pointes, tandis que l'autre est dirigée vers le sud. Or, lorsqu'on approche de l'aiguille le circuit parcouru par le courant électrique, celle-ci, déviant de sa position ordinaire, tend à se placer en croix avec le courant.

Un illustre physicien français, André Ampère, se livra avec une rare sagacité à l'étude des influences réciproques des courants fixes sur les aimants mobiles, et des aimants fixes sur les courants mobiles. Mais avant qu'il eût terminé la belle série de découvertes qui devaient sortir de ses expériences, il indiqua comment on pourrait utiliser, pour la télégraphie électrique, le fait découvert par Œrstedt.

C'est aux mêmes idées que se rattachaient les appareils proposés en 1833 par le baron Schilling, à Saint-Pétersbourg, et en 1837 par Alexander, à Édimbourg.

Dès 1820, François Arago avait reconnu que, si l'on plonge dans la limaille de fer le circuit fermé d'une pile voltaïque, celui-ci attire les parcelles de fer comme le ferait un aimant. Bientôt il ressortit clairement des expériences répétées d'Ampère et d'Arago que l'électricité et le magnétisme sont les effets d'une seule et même cause. Le phénomène le plus important à signaler dans cet ordre d'idées est l'aimantation du fer et de l'acier sous l'influence d'un courant électrique; en un mot, le courant électrique crée des aimants, et ce fait mérite d'être exposé d'une façon spéciale.

§ 4. — LES ÉLECTRO-AIMANTS

Lorsqu'on étudie l'histoire des aimants, il y a un fait fondamental que tout le monde retient sans difficulté. Tous les *aimants artificiels* sont en acier, et l'on essayerait vainement d'en faire un avec une pièce de fer doux. On sait, en effet, que les aimants artificiels se font au moyen d'autres aimants que l'on met en contact avec la barre à aimanter. La manière dont on touche cette barre

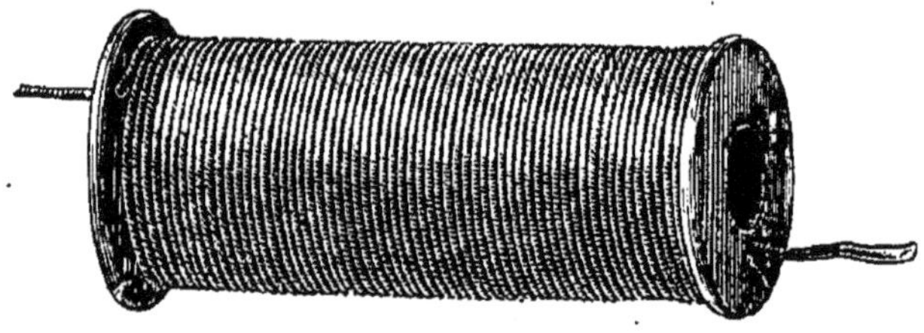

Fig. 54. — Bobine portant un conducteur disposé en hélice pour l'aimantation par l'électricité.

varie selon que l'on procède par simple touche, par double touche ou par touche séparée; mais dans chacune des trois méthodes on aimante par le contact d'un aimant.

Or si la barre à aimanter est en acier, le contact de l'aimant n'agit pas sur elle instantanément. Les propriétés magnétiques se développent peu à peu; mais, une fois développées, elles persistent. Même longtemps après que le contact a cessé, la barre d'acier est un aimant tout aussi bien que celui avec lequel on l'a touché.

Les choses se passent tout différemment si la barre est en fer doux (fer non aciéré). Lorsqu'on touche avec un aimant une barre de fer doux, celle-ci prend immédiatement les propriétés magnétiques, c'est un aimant dès qu'elle est en contact avec l'aimant; mais aussi elle cesse d'en être un dès que l'aimant cesse de la toucher. Voilà pourquoi on ne fait pas des aimants avec du fer doux.

On peut donc énoncer cette loi. Au contact d'un aimant : 1° l'acier acquiert peu à peu l'aimantation, mais il devient un *aimant permanent;* 2° le fer doux prend instantanément l'aimantation, mais il la perd de même dès que le contact cesse; c'est un *aimant temporaire.*

En 1823, François Arago découvrit un procédé nouveau pour faire des aimants. Cette découverte se rattachait à ses expériences concernant l'influence qu'exerce un courant électrique sur la limaille de fer. Voici en quoi elle consistait : il reconnut que l'on peut au moyen d'un courant électrique aimanter le fer doux ou l'acier. Pour cela, après avoir mis un long fil conducteur en relation avec les deux pôles d'une pile voltaïque, il faut enrouler en hélice une partie de ce circuit. Comme le courant y est établi, on a par ce seul fait un courant hélicoïdal. Si dans l'hélice du courant

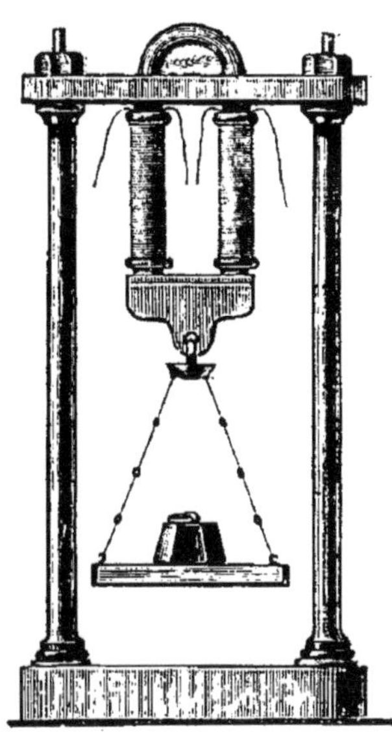

Fig. 55. — Un électro-aimant, sous l'influence du courant, soutenant par attraction son armature de fer doux avec le poids qui y est suspendu.

on place une barre d'acier isolée, l'acier après cette épreuve est un aimant permanent. Mais si on fait la même expérience avec une barre de fer doux, celle-ci devient un aimant momentané; cela veut dire que la barre de fer doux, devenue un aimant lorsque le courant passe dans l'hélice, cesse d'en être un dès que le courant né passe plus, ou dès qu'on la retire de l'hélice.

La disposition la plus commode pour ces expériences d'aimantation consiste à disposer le fil conducteur sur une bobine (fig. 54), dans laquelle on introduit la barre que l'on veut soumettre à l'aimantation.

Cette découverte a donné naissance à de nombreuses applications. Elle a surtout exercé sur la télégraphie électrique une influence décisive.

La première application a été la construction des *électro-aimants*. Imaginez une barre de fer doux que l'on courbe en fer à cheval (voir la fig. 53) ou en forme d'U ; on entoure les deux branches parallèles avec deux bobines. Le fil conducteur, dans lequel on pourra envoyer à son gré le courant d'une pile, s'enroule en hélice régulière sur l'une des deux bobines ; quand celle-ci est pleine, on fait passer le fil sur l'autre bobine, où on l'enroule exactement de la même façon. Si l'on joint les deux bouts de cette double hélice aux deux pôles d'une pile voltaïque, le courant va suivre évidemment toutes les spires des deux hélices ; alors les deux branches de fer doux seront momentanément aimantées par le passage du courant. Si l'on rompt les communications avec la pile, les branches de fer doux cessent immédiatement d'être aimantées.

Cette propriété étant bien connue, il devient évident que, mis en présence d'une pièce de fer, l'électro-aimant l'attirera lorsque le courant de la pile passera dans les bobines, et cessera de l'attirer quand le courant sera interrompu. De là ce nom d'*électro-aimant*, qui signifie aimant mis en action par l'électricité. On peut, avec un courant intense, donner à l'électro-aimant une énergie magnétique considérable. Mais on peut aussi construire des électro-aimants d'une faible intensité et les appliquer à des usages très délicats. C'est précisément ce que nous allons voir dans le télégraphe électrique.

§ 5. — LES INVENTEURS DE LA TÉLÉGRAPHIE ÉLECTRIQUE

Si l'on se demande qui a inventé la télégraphie électrique, on ne sait vraiment comment on doit répondre. Au milieu du xviiie siècle, dès que les connaissances en électricité eurent quelque étendue, l'idée d'un télégraphe électrique s'est présentée à plusieurs esprits. Nous avons vu qu'en 1760 Lesage avait fait des expériences publiques avec un appareil qui permettait de communiquer sa pensée à distance et avec une vitesse presque instantanée. C'est, en effet, cette vitesse prodigieuse de l'électricité qui la désignait pour les usages télégraphiques. Mais le moyen de tirer pratiquement parti de cette propriété a tenu en échec les divers inventeurs pendant plus de soixante-dix ans. Quelle était donc la véritable difficulté ? Était-ce de concevoir l'idée d'un télégraphe électrique ? Évidemment non, puisque cette idée se produisit tant de fois. Mais les moyens manquaient de la réaliser ; on ne connaissait pas assez les propriétés de l'électricité. Le véritable mérite dans cette invention appartient aux hommes de science, qui pas à pas ont soutenu la lutte pour découvrir les nouveaux faits dont la connaissance a rendu l'invention possible.

Il faut donc attribuer l'honneur de cette invention à une série de savants de divers pays et de divers temps : Galvani, Volta, Œrstedt, Ampère, Arago. Aucun d'eux n'a spécialement consacré ses efforts à construire un télégraphe électrique; mais tous ont contribué à nous apprendre ce qu'ont mis en usage ceux qui, plus tard, en ont construit.

Galvani eut le mérite de soulever la fameuse question du galvanisme, débattue pendant vingt ans entre lui et Volta. L'invention de la pile fut un des événements mémorables de cette longue et féconde discussion. J'ai dit quel éclat jeta sur le nom de son auteur cette invention, qui en a produit tant d'autres. Mais il serait injuste de croire que Galvani soit sorti de la lutte vaincu et ne laissant rien d'utile après lui; c'est à lui que sont dues nos connaissances actuelles sur les phénomènes électriques dans les animaux vivants et chez l'homme. Aloysius Galvani était né à Bologne (Italie), en 1737. Ses premières études furent dirigées vers la théologie, puis il se décida pour la médecine et sut y conquérir une juste renommée. En 1762, il fut appelé à la chaire d'anatomie de l'université de Bologne, et il l'occupa jusqu'en 1797. A cette époque, il ne voulut pas prêter le serment qu'exigeaient de lui les fondateurs de la république cisalpine, et, lorsqu'un peu plus tard un décret du gouvernement lui rendit sa chaire par égard pour sa brillante célébrité, il refusa cette faveur. Il mourut en 1798.

Nous n'avons pas à revenir ici sur le nom de Volta, dont nous nous sommes occupés un peu plus haut. Mais il est utile de dire quelques mots sur Hans-Christian Œrstedt, dont la découverte a révélé les premiers faits d'électro-magnétisme. Il est né en 1777, dans le chef-lieu de l'île de Langeland, l'une des îles du Danemark. Il était fils d'un apothicaire, et fut dans sa première jeunesse apprenti chez un barbier; puis il revint chez son père comme garçon droguiste. Une passion dévorante pour l'étude l'initia à la fois aux lettres et aux sciences; il devint physicien habile et professeur à l'université de Copenhague; il fut associé étranger de l'Académie des sciences de Paris, à partir de 1842. Il mourut en 1851.

André-Marie Ampère fut un esprit d'une rare puissance et d'une vaste étendue. Il naquit à Lyon en 1775; son père était un négociant estimé qui, retiré de bonne heure des affaires, alla vivre à la campagne; c'est là que, sans maître, abandonné à lui-même, ce vigoureux esprit, dès l'enfance, apprenait par lui-même les éléments des lettres et des sciences. Avant l'âge de dix-huit ans, il avait lu les vingt volumes de l'*Encyclopédie;* puis il apprit en

quelques mois le latin dont il avait besoin pour lire divers livres
de science. Son père périt victime des troubles politiques de 1793.
Le jeune Ampère faillit en perdre l'esprit. Mais, au bout d'un an,
la lecture des *Lettres sur la botanique* de Jean-Jacques Rousseau le
réveilla de sa douleur et le rendit aux travaux de l'esprit. Ayant
perdu toute fortune, il se livra à l'enseignement des sciences, et en
1801 il fut nommé professeur de physique à l'École centrale de
Bourg-en-Bresse. Il passa l'année suivante au lycée de Lyon,
comme professeur de mathématiques, et presque aussitôt il fut
appelé comme répétiteur d'analyse mathématique à l'École polytechnique. A partir de ce jour commence une carrière de savant,
marquée par une brillante série de découvertes. Ses études sur
l'électro-magnétisme y tiennent le premier rang. Professeur de
physique au Collège de France, inspecteur général de l'Université,
membre de l'Académie des sciences et de la plupart des grands
corps savants de l'Europe, il mourut en 1838.

Dominique-François Arago est né en 1786, près de la frontière
d'Espagne, à Estagel, dans les Pyrénées-Orientales. Son père était
un ancien avocat devenu, pendant la révolution, caissier de la
Monnaie à Perpignan. Après de fortes études au collège de cette
ville, le jeune Arago fut admis, à dix-sept ans, à l'École polytechnique; il en sortit après des épreuves si brillantes, qu'il devint
aussitôt secrétaire du Bureau des longitudes. En 1806, âgé de
vingt ans, il fut désigné pour accompagner Biot, chargé, avec
deux savants espagnols, de compléter la mesure d'un arc du méridien terrestre. Il était à l'île Majorque quand éclata la guerre entre
la France et l'Espagne. En regagnant la France, il fut d'abord pris
par un corsaire espagnol, puis jeté sur la côte d'Algérie, où il
resta captif quelques mois. A son retour en France, en 1809, il fut
nommé, malgré son jeune âge, membre de l'Académie des sciences.
En même temps, Napoléon Ier lui confia la chaire d'analyse et de
géodésie à l'École polytechnique. En 1829, Arago fut nommé di-
recteur de l'Observatoire de Paris, et en 1830 il fut élu secrétaire
perpétuel de l'Académie des sciences; à cette même époque il entra
à la chambre des députés, dont il fit partie jusqu'en 1848. Mêlé
aux troubles de cette époque comme membre du gouvernement
provisoire, il y subit des épreuves qui brisèrent ses forces physiques sans altérer la vigueur de son caractère. Il refusa de prêter
serment au coup d'État de 1852 et mourut l'année suivante.

Tels sont les hommes qu'il faut citer en premier lieu comme les
inventeurs du télégraphe électrique. Après eux, il faut nommer le
physicien anglais Wheatstone, qui en 1834 se livra à de minutieuses expériences sur la rapidité avec laquelle se transmet

l'électricité dans les conducteurs. Ces études le conduisirent naturellement à s'occuper de la construction des télégraphes électriques. Mais sur ce terrain il fut devancé par un Américain, assurément moins bon physicien que lui, mais doué au plus haut degré de cette ténacité qui distingue ses compatriotes.

CHAPITRE XIV

LA TÉLÉGRAPHIE ÉLECTRIQUE

§ 1. — LE PREMIER TÉLÉGRAPHE ÉLECTRIQUE

Au mois d'octobre 1832, le paquebot *le Sully,* allant de France en Amérique, ramenait parmi ses passagers un peintre américain qui, pour la seconde fois, venait de parcourir les musées d'Europe. Les goûts artistiques qui l'avaient appelé à ce double pèlerinage devant les chefs-d'œuvre de l'ancien monde, étaient unis chez lui à des instincts de science pratique auxquels de temps en temps il s'abandonnait volontiers. Professeur de littérature artistique, il avait recherché l'intimité de son collègue le professeur de physique Freeman Dana. Souvent il avait écouté ses leçons lorsqu'elles portaient sur des découvertes récentes; souvent il était allé dans son cabinet s'entretenir avec lui, étudier les appareils et les voir fonctionner. Avant son second voyage en Europe, dont il revenait en ce moment, il avait été très vivement frappé des expériences d'électro-magnétisme que Dana faisait connaître à ses auditeurs, comme de récentes conquêtes des savants européens; il avait même étudié avec une sorte de passion les propriétés d'un électro-aimant, le premier que l'on eût encore vu en Amérique. Puis dans de longues causeries il s'était complètement familiarisé avec tous les faits physiques qui se rattachent à ce sujet. Néanmoins son voyage en Europe avait été purement consacré aux beaux-arts; mais, durant les loisirs de la traversée, en songeant au retour et à tout ce qu'il allait retrouver à New-York, l'électro-magnétisme avait peu à peu envahi toute sa pensée; il en parlait volontiers avec ses compagnons de traversée, et il insistait sur les faits qui paraissaient étonner le plus vivement ses interlocuteurs. On revenait sans cesse sur l'instantanéité de l'aimantation, quelle que soit d'ailleurs la distance entre la pile qui émet le courant et l'électro-aimant qui le reçoit dans ses bobines. Au milieu de ces longues causeries, une idée séduisante se présenta nettement à son esprit : puisque la longueur des fils conducteurs du courant n'empêche nullement l'électro-aimant de fonctionner, n'y a-t-il pas là un moyen de produire à de grandes distances des signes auxquels on donnerait une signification convenue ? Certes, le passager du *Sully* n'était pas le premier qui eût conçu une pareille idée ; mais il faut convenir qu'il s'en empara avec une singulière ténacité. En quelques jours il arrêta toutes les dispositions de son appareil, et il eut le talent de lui donner une structure si simple et si solide, qu'il est encore aujourd'hui le plus usité et le plus commode de tous les appareils du même genre. Lorsque, arrivé à New-York, il prit congé du capitaine William Pell, il lui tendit la main et lui dit avec une certaine présomption d'inventeur enthousiaste : « Capitaine, quand le télégraphe de Samuel Morse sera devenu la merveille du monde, souvenez-vous qu'il a été inventé à bord du *Sully*, en octobre 1832. »

A peine rentré dans son atelier, avec les premiers matériaux qu'il trouva sous sa main, il construisit un modèle de son appareil ; il fut étonné et ravi de voir combien la marche en était bonne ; alors il commença à en exécuter des modèles plus soigneusement faits, et pendant quelques années Morse et ses amis ne cessèrent de se livrer, même par récréation, à des expériences de télégraphie en chambre. Enfin, en 1835, il crut son invention assez perfectionnée pour être publiée ; il donna des séances publiques d'expériences télégraphiques, et il obtint les plus grands succès. Bientôt il tourmenta le congrès des États-Unis pour qu'il examinât son système de télégraphie ; à force de sollicitations, le congrès, en 1837, chargea une commission de s'en occuper et de lui faire un rapport. Il fut convenu que Samuel Morse établirait un de ses télégraphes sur une distance de seize kilomètres, et que le 2 septembre il donnerait une séance d'expérimentation devant la commission du congrès et une autre commission de l'institut de Philadelphie. Deux rapports furent rédigés, et tous deux furent on ne peut plus favorables.

Cependant le congrès négligea de s'en occuper davantage ; aux réclamations de l'inventeur on répondit même en émettant des doutes sur la valeur de l'appareil. Rebuté mais non découragé,

Morse passa en Europe et essaya de mieux réussir en France ou en Angleterre : il échoua encore. Tant de travaux et tant de mécomptes avaient épuisé, non pas son courage, mais ses ressources financières; il revint à New-York et reprit la lutte sans faiblir un instant. Il parvint à secouer l'indifférence du congrès américain, et en 1843 celui-ci vota en sa faveur une allocation de 150000 francs pour faire une expérience définitive sur une grande échelle; mais pour que ce vote eût son effet il fallait l'approbation du sénat. Morse l'attendit jusqu'à la dernière séance de la cession; il en désespérait, quand une bienveillante influence obtint au dernier moment le vote désiré. En 1844, il établit la ligne télégraphique de Washington à Baltimore, sur une étendue de soixante-quatre kilomètres.

Cette fois ce fut un succès définitif. Cette première ligne fut le point de départ du vaste réseau télégraphique qui s'étendit peu à peu sur les divers territoires de l'Union.

§ 2. — Disposition du télégraphe de Morse

L'établissement d'une ligne télégraphique fonctionnant par l'électricité comprend diverses parties dont il faut se rendre compte avant d'entrer dans aucun détail. Pour les faire connaître, nous allons supposer deux villes, par exemple Paris et Orléans, que l'on veut mettre en relation télégraphique; cette relation implique l'idée d'une demande et d'une réponse, ce qui, dans les deux stations de Paris et d'Orléans, va doubler le nombre des appareils. En effet, il faudra que la personne placée à Paris s'adresse par télégraphe à son correspondant d'Orléans; ensuite celui-ci lui répondra de la même manière. Cela fait donc un premier trajet pour la demande, et un second trajet de retour pour la réponse.

Occupons-nous d'abord uniquement du premier trajet. Que faut-il à la personne qui, de Paris, va interpeller celle d'Orléans? Avant tout il lui faut un courant voltaïque allant de Paris à Orléans; en second lieu, il lui faut un appareil qui, à sa volonté, établisse ou interrompe le courant; cet appareil se nomme le *manipulateur*. Ayant ainsi la faculté de lancer le courant ou de l'interrompre dans le conducteur qui va de Paris à Orléans, l'opérateur aimantera ou désaimantera l'électro-aimant qui aura été installé à Orléans; celui-ci, lorsque le courant sera envoyé dans ses bobines, pourra attirer un levier de fer fixé devant ses extrémités. Voilà un mouvement produit à Orléans, à la volonté de l'opérateur de Paris; puis, quand celui-ci interrompra le courant, l'électro-aimant cessera d'attirer le levier de fer; or ce levier est maintenu et ramené à sa position de repos par un ressort. Voilà l'idée fondamentale d'une communication électro-télégraphique. En résumé, pour la communication simple de Paris à Orléans, il faut :

1° A Paris, une pile voltaïque donnant naissance au courant, un fil conducteur partant de la pile pour aller vers Orléans, un manipulateur permettant d'ouvrir ou de fermer rapidement le circuit du courant voltaïque;

2° Entre Paris et Orléans, le fil conducteur disposé pour mettre en relation les deux villes;

3° A Orléans, un appareil contenant l'électro-aimant et le levier en fer dont les mouvements forment les signes télégraphiques, un fil conducteur faisant suite à celui de Paris et qui, après avoir passé dans l'électro-aimant, termine le circuit du courant.

L'appareil où se forment les signes télégraphiques s'appelle le *récepteur*.

Avec ce qui vient d'être énuméré, l'opérateur de Paris peut tant qu'il voudra transmettre des signes à celui d'Orléans; mais quand celui-ci voudra répondre, il faudra qu'il ait à Orléans tout ce que le premier avait à Paris, c'est-à-dire une pile voltaïque, un manipulateur et un fil joignant la pile au conducteur établi entre les deux villes. L'opérateur de Paris, pour recevoir les signes que désire lui envoyer celui d'Orléans, devra être muni d'un récepteur où le fil conducteur passera avant de terminer le circuit.

Chacune des stations Paris et Orléans possédera donc, comme matériel télégraphique essentiel : une pile voltaïque, un manipulateur et un récepteur; entre les deux villes sera le fil conducteur ou *fil de ligne,* supporté par des poteaux. Dans le cas actuel, ce fil conducteur aurait une longueur de 121 kilomètres, distance de Paris à Orléans.

Arrêtons-nous un moment sur ce fil conducteur, et faisons connaître dès à présent comment il se fait que la communication s'établisse au moyen d'un seul fil. Considérons la pile voltaïque placée à Paris : à son pôle négatif sera fixée la tête du fil de ligne; ce fil passera par le manipulateur, puis se rendra, par une longue série de poteaux, jusqu'à Orléans; là il pénétrera dans le récepteur. Mais après cela que deviendra-t-il? Nous savons que, pour établir le circuit d'un courant voltaïque, il faut que les deux pôles de la pile communiquent par un conducteur allant de l'un à l'autre. Il semble donc qu'après avoir passé à Orléans, dans le récepteur, le courant aurait besoin d'un fil de retour qui le ramenât à Paris jusqu'au pôle positif de la pile de départ. Aux débuts des installations télégraphiques, on le pensait aussi; mais dès 1837 Steinheil, physicien distingué de Munich, l'un des premiers constructeurs de télégraphes électriques, démontra que le double fil était inutile. Il suffit, en effet, de faire communiquer, à Orléans, le récepteur avec le sol; à Paris, le sol avec le pôle positif de la pile. De cette façon le circuit est établi, car la terre sert de conducteur et remplace le fil de retour.

Le manipulateur et le récepteur varient dans leur construction,

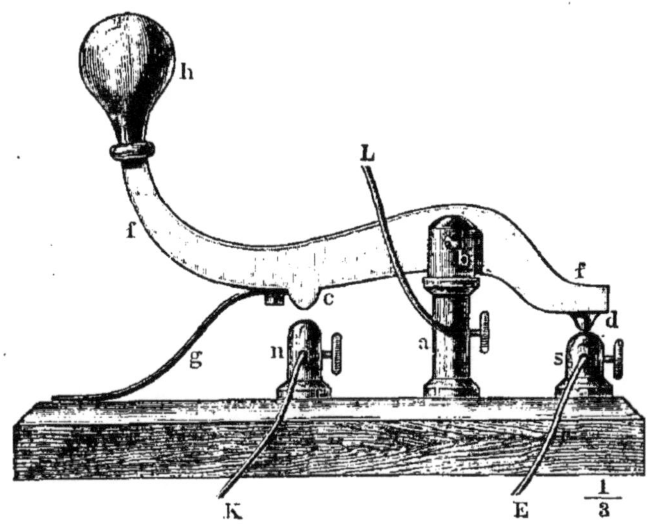

Fig. 56. — Un manipulateur du système Morse.

selon le système de télégraphe que l'on considère. Nous allons exposer ici les dispositions adoptées dans le système Morse. La figure 56 représente le manipulateur : il se compose d'une borne *b*, dans laquelle vient aboutir en *a* le fil de ligne L ; dans la tête de cette borne est fixé, par un pivot transversal, un levier *ff* muni d'une manette *h ;* ce levier est soutenu par un ressort *g ;* il porte en dessous deux boutons *c* et *d ;* sous chacun de ces boutons est disposée une borne *n* et *s*. La borne *s* reçoit un fil conducteur E qui va dans le sol, tandis qu'à la borne *n* est fixé un fil K, qui se rend à l'un des pôles de la pile.

Il est facile de se rendre compte du jeu du manipulateur. Dans sa position de repos, soulevé par son ressort, le levier bascule du côté de la borne *s*, sur laquelle pose le bouton *d*. Alors le fil de ligne communique par le manipulateur avec le fil de la pile; mais si l'opérateur appuie la main sur la manette *h*, le levier bascule en sens inverse; il fait fléchir le ressort, et le bouton *c* vient se poser sur la borne *n*. Dans cette nouvelle situation le fil de ligne communique, par le manipulateur, avec le fil qui se rend dans le sol; mais en même temps le bouton *d* s'est détaché de la borne *s*, et le courant, sortant de la pile, a été interrompu. C'est ainsi que le manipulateur ferme et ouvre tour à tour le circuit voltaïque au gré de l'opérateur.

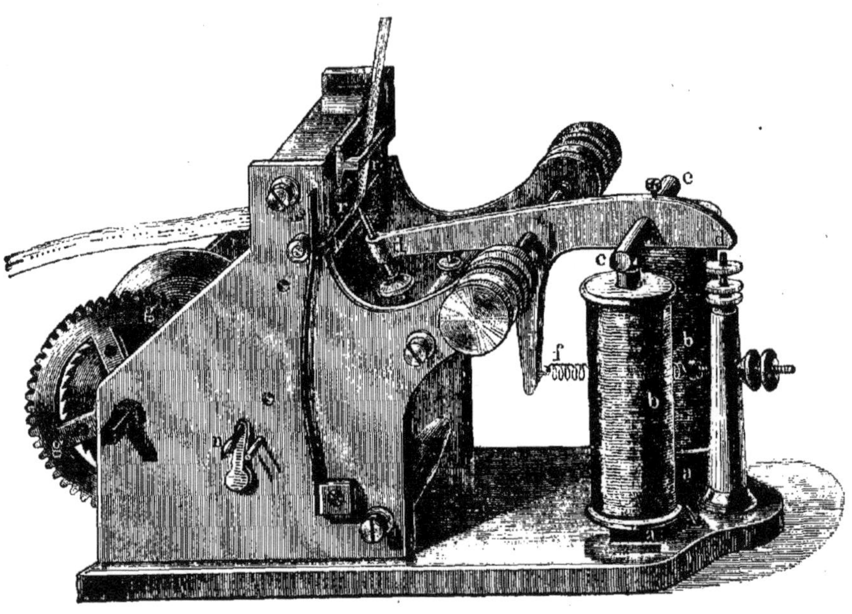

Fig. 57. — Un récepteur du système Morse.

Il faut maintenant nous occuper du récepteur. Il n'a pas toujours exactement les mêmes formes, mais la disposition générale est toujours la même. Nous allons étudier celui qui est représenté dans la figure 57. On aperçoit d'abord à droite l'électro-aimant avec sa traverse *aa* et ses deux bobines *bb*. Au-dessus est soutenu, sur deux tourillons, le levier en fer *dd*. Une barre de fer transversale *cc* vient se présenter devant les deux bobines et les cylindres de fer qu'elles contiennent. Dans l'état de repos, un ressort *f* maintient le levier *d* de façon que la barre *c* soit éloignée des pôles de l'électro-aimant. A l'autre extrémité du levier *d* est installé un stylet d'acier à tête de vis, que l'on peut faire avancer ou reculer dans son tenon. Devant l'extrémité de ce stylet passe une bande de papier entraînée par le mouvement de rotation de deux cylindres *hrr*. Ces deux cylindres tournent sous l'action d'un mouvement d'horlogerie dont on voit une partié en *gg*. On aperçoit en *n* une manivelle qui sert à arrêter ce mouvement lorsqu'on ne se sert pas du récepteur.

Voici comment fonctionne cet appareil : lorsque le courant passe dans les bobines, l'électro-aimant agit et attire jusqu'au contact la barre de fer *c ;* le levier bascule autour de ses tourillons ; le stylet appuie sa pointe sur la bande de papier. Le rouleau *r* porte au niveau de cette bande une cannelure garnie d'encre bleue d'imprimerie ; la pointe du stylet, en pressant sur le cylindre la bande de papier, l'imprègne d'encre bleue. On peut ainsi obtenir sur cette bande deux signes distincts : un *point,* si la pointe du stylet n'a pressé le papier qu'un instant ; une *barre,* si la pression a duré quelques moments. Lorsque le courant interrompu ne passe plus dans les bobines, la barre de fer *c* n'est plus attirée, et le ressort *f* ramène le levier dans sa position de repos. Le stylet cesse de presser le papier, et l'encre bleue ne s'y imprime plus.

Avec les deux signes dont nous avons parlé, on a composé un alphabet qui forme un système d'écriture sur la bande du papier du récepteur. Voici les caractères qui représentent les voyelles :

a	. —	o	— — —
e	.	u	. . —
i	. .	y	. — . . — —

Les consonnes s'écrivent, ainsi qu'il suit, au moyen des mêmes signes :

b	— . . .	n	— .
c	— . — .	p	. — — .
d	— . .	q	— — . —
f	. . — .	r	. — .
g	— — .	s	. . .
h	. . . .	t	—
j	. — — —	v	. . . —
k	— . —	w	. — —
l	. — . .	x	— . . —
m	— —	z	— — . .

Voici les signes représentant les chiffres :

0	— — — — —	5	. . . . .
1	. — — — —	6	— . . . .
2	. . — — —	7	— — . . .
3	. . . — —	8	— — — . .
4	. . . . —	9	— — — — .

Le télégraphe de Morse est très répandu en Amérique, mais il n'est pas le seul qui y soit employé. Aux États-Unis, la télégraphie électrique est simplement une industrie privée : les compagnies sont nombreuses et se font concurrence. Aussi y a-t-il plusieurs systèmes sur les diverses lignes de l'Union ; celui de Samuel Morse est le plus employé ; puis il faut citer le télégraphe Bain et le système House. Tous trois sont des *télégraphes écrivants*, c'est-à-dire que dans leur récepteur s'écrit la dépêche. C'est là une garantie importante contre les erreurs de transcription, et cela fournit même, en cas d'erreur, un moyen précieux de vérification.

Il n'est pas permis de passer sous silence un appareil télégraphique aujourd'hui bien connu, et qui a été imaginé par le savant physicien américain Hughes. Cet appareil est celui qui peut transmettre le plus grand nombre de mots dans un temps donné. En outre, il imprime sur la bande de papier qui constitue la dépêche, non pas des signes conventionnels qu'il faut ensuite interpréter, mais des lettres d'imprimerie composant les mots que l'on veut transmettre. La dépêche est donc écrite en langage ordinaire avec des lettres imprimées en bleu. Opérer promptement et livrer une dépêche imprimée, ce sont là des avantages évidents. Malheureusement le télégraphe de Hughes est beaucoup plus compliqué et beaucoup plus facile à déranger que celui de Morse ; néanmoins on s'en sert dans les stations où les communications sont très actives, sauf à avoir à sa disposition un appareil de rechange pour remplacer au besoin celui qui est en usage.

§ 3. — La télégraphie électrique en Europe

Dans l'ordre de progrès qui nous occupe, l'Angleterre a devancé les autres nations européennes. Wheatstone avait installé en 1838, sur une partie du chemin de fer de Liverpool à Londres, un premier appareil télégraphique où il n'employait pas encore d'électro-aimant; mais, en 1841, il fit connaître un autre télégraphe où l'électro-aimant jouait son rôle véritable. Ce télégraphe était disposé de manière à indiquer, sur un cadran portant l'alphabet à son pourtour, les lettres dont on avait besoin pour écrire la dépêche; cet appareil n'est resté en usage que dans les lignes de chemin de fer, pour le service intérieur. Le service télégraphique public et privé s'est longtemps fait par un autre genre d'appareil dû encore au même inventeur. C'est ce qu'on appelle le télégraphe à deux aiguilles; il a depuis cédé le pas au télégraphe de Morse. Une compagnie unique exploite les nombreuses lignes qui sillonnent le sol de la Grande-Bretagne, et depuis longtemps ce genre de communication est passé complètement dans les mœurs anglaises.

La France ne s'est pas montrée prompte à suivre cet exemple; elle avait eu l'initiative de la télégraphie par signaux aériens; elle avait vu les autres nations de l'Europe l'adopter successivement. Elle y tenait donc comme à une œuvre nationale. Lorsque déjà en Amérique et en Angleterre les appareils électro-télégraphiques s'étaient produits et s'offraient à la faveur du public, la France se plaisait à penser que le système de Chappe pouvait, au moyen de quelques perfectionnements, soutenir la concurrence avec avantage. C'est ainsi qu'en juin 1842, le gouvernement soumit aux chambres une demande de crédit pour des expérimentations de télégraphie aérienne nocturne, au moyen d'un système nouveau d'éclairage. Le physicien Pouillet, membre de la chambre des députés, fit un rapport dans lequel, se rangeant à l'opinion répandue parmi ses compatriotes, il approuvait le projet du gouvernement et rejetait bien loin la télégraphie électrique; il n'y voyait qu'un rêve séduisant qu'on ne pouvait espérer réaliser. Heureusement que dans la même chambre siégeait François Arago, dont les découvertes avaient si puissamment contribué à l'invention des télégraphes électriques; il prit la parole, réfuta vigoureusement les appréciations de son collègue et développa d'une façon lumineuse les avantages de l'application de l'élec-

tricité à la télégraphie. Enfin, pour convaincre la chambre que
cette application n'était pas une utopie, il exposa les travaux de
Samuel Morse en Amérique, et les merveilleux résultats que son

Fig. 58. — Vue intérieure d'un poste de télégraphie électrique
(système Morse).

télégraphe avait déjà donnés. Cette voix autorisée réveilla la
France de ses trompeuses illusions; on s'enquit alors de ce qui se
faisait en Angleterre, et M. Foy, administrateur en chef des lignes
télégraphiques, fut envoyé s'instruire auprès de Wheatstone et des

autres savants qui s'occupaient de cette question. Cette mission
eut pour résultat l'établissement de la télégraphie électrique en
France, mais dans des conditions bizarres, qui gênèrent beaucoup
ses débuts et qui nécessitèrent une réforme peu d'années après.
D'abord on n'accorda qu'une confiance trop restreinte aux témoi-
gnages des savants anglais. En installant, comme ligne d'essai ,
celle de Paris à Rouen, on ne tint pas compte de ce que l'expérience avait enseigné aux Anglais; on voulut avoir un système
national de télégraphe électrique, et les habitudes administratives
de M. Foy firent prévaloir une idée singulièrement puérile; elle
consistait à adopter des appareils électriques en leur imposant
la condition de reproduire les signes du télégraphe aérien. Cette
erreur domina pendant près de dix ans. Ce système ne fut abandonné qu'en 1854; alors le gouvernement français se résigna à ce
qu'il eût dû faire dès l'abord : il ordonna qu'il fût fait un sérieux
examen des systèmes de télégraphie électrique en usage chez les
nations étrangères, et cet examen le conduisit à adopter, avec de
faibles modifications, le télégraphe écrivant de Samuel Morse. Des
essais antérieurs, il ne resta que le télégraphe à cadran alphabé-
tique, qui répond bien aux convenances du service intérieur des
chemins de fer.

§ 4. — LES CABLES TÉLÉGRAPHIQUES SOUS-MARINS

Pendant que notre pays, la patrie d'Ampère et d'Arago, marchait d'un pas si mal assuré dans la voie de progrès qu'ils avaient
si puissamment aidé à ouvrir, l'Angleterre prenait l'initiative
d'une extension admirable de la télégraphie électrique. En 1850,
l'ingénieur anglais Jacob Brett construisait le premier télégraphe
sous-marin. Le pas de Calais cessait, grâce à lui, d'être un obstacle
absolu entre les Anglais et les Français. Grâce à un câble conducteur de l'électricité, la pensée traversant la mer franchissait
presque instantanément le détroit; les points choisis pour cette
communication électrique furent la côte de Douvres, en Angleterre,
et, en France, le cap Gris-nez, près de Calais. Là le détroit n'a que
trente-huit kilomètres de largeur; de plus la profondeur maxima
est d'environ soixante-quinze mètres. C'étaient de bien heureuses
conditions, mais il faut songer que c'était un début et que la
hardiesse d'un tel projet avait soulevé des préventions obstinées et
une incrédulité profonde. Cependant le câble sous-marin fut
heureusement submergé, venant par ses deux extrémités atteindre

les stations des deux rivages opposés ; à peine fut-il en place, qu'une
dépêche télégraphique fut adressée du cap Gris-nez à Douvres ;
elle arriva parfaitement et fut immédiatement portée à la connaissance des curieux qui encombraient les quais de Douvres. On
s'empressa d'envoyer une réponse, mais elle ne parvint pas à la
rive française. Ce fut une grande déception ; cependant cela n'était
pas de nature à faire douter du succès final : puisque la première
dépêche avait passé, la télégraphie électrique sous-marine était
possible, sauf des chances d'accident contre lesquels il fallait se
prémunir.

On rechercha par quelle cause avait pu se perdre la réponse

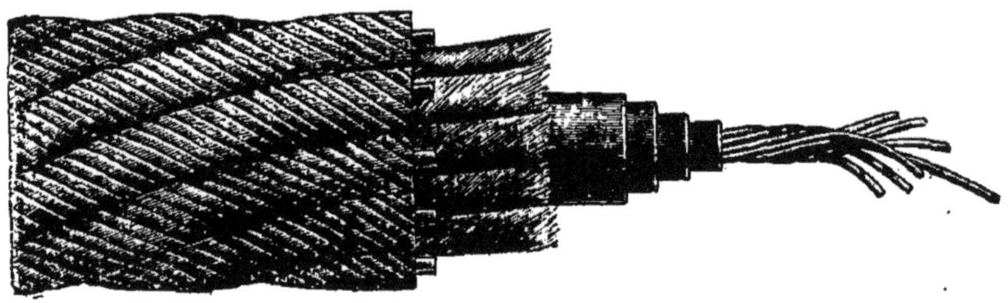

Fig. 59. — Fragment d'un câble sous-marin transatlantique.

expédiée de Douvres, et l'on constata tout simplement que le câble
s'était rompu au contact des rochers du cap Gris-nez, que les flots
battent sans cesse avec fureur. Le remède était facile à trouver : il
fallait donner au câble sous-marin une enveloppe protectrice
suffisamment résistante. On s'était contenté d'un conducteur formé
de quatre fils de cuivre enveloppés de gutta-percha, substance
analogue au caoutchouc et parfaitement isolante au point de vue
de l'électricité. On avait bien songé que les deux extrémités du
câble pourraient se déchirer sur les côtes ; mais on avait cru
suffisant de les munir d'une gaine en plomb ; cette précaution
fut sans effet ; il s'agissait donc d'établir un autre câble et de le
protéger plus efficacement. On lui donna une première gaine en
corde de chanvre goudronné ; on le recouvrit en outre de fils de
fer tordus en spirale et formant l'armure défensive du câble, qui
fut posé dans le mois de décembre 1851 ; le 31 de ce mois la
communication était complètement rétablie. Pour annoncer ce
résultat intéressant, le courant lancé dans le câble sous-marin fut
chargé de faire partir un coup de canon sur les remparts de
Douvres. On échangea sans obstacle des dépêches entre la côte
française et la côte anglaise. Ces épreuves une fois terminées, la

correspondance télégraphique fut installée, et elle a toujours fonctionné depuis cette époque.

Il existe entre la France et l'Angleterre quatre câbles sous-marins :

1° De Calais à Douvres, 42 kilomètres et demi ;

2° De Calais à Folkestone, 44 kilomètres et demi ;

3° De Dieppe au cap Beachy-Head, 98 kilomètres ;

4° Du Havre au cap Beachy-Head, 129 kilomètres et demi.

Bientôt une ligne nouvelle fut établie entre l'Angleterre et l'Irlande, de Holyhead à Howth, près de Dublin ; cette seconde ligne fut inaugurée le 1er juin 1852. Un an après, une troisième ligne fut établie entre Orfordness, sur la côte du comté de Suffolk, et Scheveningen, sur celle de la Hollande méridionale. Puis une quatrième ligne, allant de Douvres à Ostende, fit communiquer l'Angleterre avec la Belgique.

De 1854 à 1857, la France accomplit une œuvre très délicate et très hardie. Elle relia le continent européen à l'Afrique française ; cette entreprise offrit de grandes difficultés et fut entravée d'abord par deux insuccès ; mais on réussit enfin. Elle descend de Chambéry à Turin, puis au port italien de la Spezzia ; là commence la ligne sous-marine divisée en plusieurs fragments. Le premier s'étend de la Spezzia au cap Corse (65 kilomètres) ; une ligne terrestre parcourt l'île de Corse dans toute sa longueur. Un second câble sous-marin traverse le détroit de Bonifacio (14 kilomètres), pour se relier à une autre ligne terrestre traversant la Sardaigne jusqu'au cap Teulada. De ce cap part le plus considérable des câbles maritimes qui composent cette ligne ; il traverse la Méditerranée et aborde la côte d'Algérie entre Bône et la frontière de Tunisie (235 kilomètres). Depuis, deux autres lignes télégraphiques ont été construites de France en Algérie : Marseille à Alger, 930 kilomètres ; Marseille à Bône, 829 kilomètres.

Mais une date mémorable dans l'histoire de la télégraphie électrique est celle de 1866, où fut inauguré le câble transatlantique qui relia l'Irlande avec l'île de Terre-Neuve en Amérique : le port de Valencia (Irlande), avec celui de Heart's Content (Terre-Neuve). La distance entre ces deux points est de 2 640 kilomètres ; la profondeur de l'Océan croît de 2 740 mètres non loin des côtes de Terre-Neuve, à 4 000 près de celles d'Irlande. Cette gigantesque entreprise fut étudiée en 1853 et 1854 ; puis on procéda aux travaux préparatoires. On fit un câble de 2 550 kilomètres, et l'on prépara pour le compléter un fragment de 450 mètres qui dut être transporté sur l'île de Terre-Neuve. Enfin, le 31 juillet 1857, une flottille, composée de deux frégates américaines et de trois frégates anglaises, commença la pose du câble; mais il se rompit sous son propre poids à 450 kilomètres de la côte d'Irlande. Fallait-il renoncer à l'entreprise? Les ingénieurs qui la dirigeaient n'en eurent pas un moment l'idée; ils pensèrent seulement qu'il fallait recommencer. En 1858, un nouveau câble était préparé; il mesurait 4000 kilomètres. Deux grands navires, l'un anglais, l'autre américain, furent chargés de poser dans la mer chacun une moitié du câble. A force de précautions et de persévérance l'immersion totale fut accomplie le 18 août 1858, et ce jour même l'auteur du projet, le riche capitaliste américain Cyrus Field, adressa d'Amérique en Europe un télégramme transatlantique annonçant que l'Amérique et l'Europe étaient unies par le télégraphe électrique; puis furent échangées deux dépêches entre la reine d'Angleterre et le président des États-Unis, James Buchanan. La joie publique éclata surtout en Amérique, où Cyrus Field fut promené en triomphe, pendant seize heures, dans les rues de New-York, au milieu d'une foule de plus de trente mille personnes. Hélas! toute cette joie aboutit bientôt au plus triste mécompte. Au bout de quelques jours, le courant s'affaiblit progressivement; il s'interrompit, puis il reparut incertain et irrégulier; enfin, au milieu de septembre, toute transmission électrique cessa définitivement.

Cet insuccès était très grave. Le câble n'était pas rompu, et cependant il avait cessé de fonctionner. Des deux côtés de l'Atlantique on se livra à de longues études et à des expériences multipliées, et l'on finit par se rendre compte des causes probables de cet échec absolu après quelques semaines de succès apparent. Il serait impossible d'expliquer ici dans quelles conditions spéciales se trouve un câble conducteur isolé par son enveloppe de gutta-percha, mais enveloppé dans son ensemble par une grande masse de liquide conducteur comme l'eau de la mer. Bornons-nous donc à dire que, sept ans après, on croyait être en mesure d'éviter les causes d'insuccès sous lesquels l'entreprise de 1858 avait échoué. En 1865, un nouveau câble était prêt, et pour le poser on utilisa un navire de dimensions colossales, le *Léviathan* ou *Great-Eastern* (*Grand-Oriental*). Sa longueur était de 209 mètres; il portait huit machines à vapeur; il était muni d'une paire de roues latérales, d'une hélice, et d'une voilure immense répartie sur six mâts. Ce paquebot géant n'avait point été construit exprès pour ce service; mais on en tira parti à cause de ses dimensions exceptionnelles.

Le câble se rompit pendant l'opération, et lorsqu'on était dans les eaux les plus profondes. En vain essaya-t-on, à plusieurs reprises, de relever l'extrémité rompue; il fallut y renoncer et préparer encore un autre câble. Le *Great-Eastern* recommença, en 1866, sa laborieuse campagne de l'année précédente. Le nouveau câble était plus léger et beaucoup plus flexible; il descendit sans se rompre dans les profondeurs de l'Océan; de plus, on réussit à retrouver l'ancien câble, à ramener l'extrémité à bord, et l'on put le rattacher à un tronçon préparé dans ce but. Ce voyage si fructueux avait duré quinze jours, et dès lors les deux câbles parallèles unissaient l'ancien monde avec le nouveau. Il en existe quatre maintenant.

Fig. 60. — Le steamer *le Great-Eastern*, en 1865, procédant à la pose du câble transatlantique.

Depuis cette mémorable entreprise, les lignes télégraphiques sous-marines se sont multipliées. Dans l'extrême Asie, l'état insulaire du Japon est relié télégraphiquement avec la Russie d'Asie. La France communique par un câble spécial de Brest à Saint-Pierre-Miquelon, sur le banc de Terre-Neuve. Un câble secondaire rattache d'ailleurs l'île de Terre-Neuve au continent américain. La Havane, dans l'île de Cuba, fait partie d'un réseau qui comprend la Jamaïque, Porto-Rico, la Guadeloupe, la Martinique jusqu'à la Trinité. L'Amérique du Sud est reliée au Portugal par une ligne sous-marine de Lisbonne à Pernambuco (Brésil), passant par Madère et Saint-Vincent des îles du Cap-Vert.

§ 5. — Le téléphone

Le mot *télégraphe* vient de deux mots grecs qui signifient *écrire de loin*. Le mot *téléphone* vient aussi de deux mots grecs qui signifient *parler de loin*. Ces deux étymologies rapprochent évidemment les deux genres d'appareils ; tous deux appartiennent à cet art merveilleux de communiquer rapidement la pensée à distance, qui est véritablement une des grandes conquêtes du xixe siècle. Le téléphone rentre dans ce que l'on a appelé la télégraphie acoustique, dont le caractère essentiel est de transmettre la pensée à distance par le moyen des sons.

Le premier essai que l'on puisse citer eut lieu en 1782. Un moine, appelé dom Gauthey, proposa à l'Académie des sciences de Paris un système télégraphique fondé sur l'emploi de tubes métalliques établis entre diverses stations successives, et constituant une ligne entre deux points extrêmes. Il avait remarqué avec raison que la voix se transmet par des tubes de ce genre à de grandes distances sans subir d'altération ; loin de là, elle tend plutôt à acquérir de la puissance dans les tuyaux de transmission. Le roi Louis XVI ordonna qu'une expérience eût lieu à Paris ; on se servit d'un des conduits de la pompe de Chaillot. Cet essai réussit parfaitement. L'inventeur fut un moment l'objet d'un véritable enthousiasme ; mais on recula devant les frais d'installation, qui parurent énormes, et dom Gauthey tomba dans l'oubli. Cependant, au commencement du xixe siècle, Biot et quelques autres physiciens rappelèrent l'attention sur la transmission des sons les plus faibles à des distances de 800 à 1 000 mètres dans l'intérieur de tuyaux, tels que ceux des aqueducs de Paris. Un peu plus tard, on utilisa ces propriétés dans la création des *tubes acoustiques* où *speaking-tubes* (*tuyaux parlants*) des Anglais. Ce sont des tubes de caoutchouc installés dans l'intérieur des bâtiments d'une même administration, d'une usine ou d'une maison de commerce. A chaque extrémité d'un de ces tubes est un entonnoir en bois dans lequel on parle pour adresser une communication, puis on applique l'oreille pour écouter la réponse.

De 1817 à 1827 le Français Sudre inventa, sous le nom de *téléphonie*, un système de communication acoustique au moyen de certaines notes musicales diversement combinées. Bien qu'accueilli avec faveur et remanié par son auteur jusqu'en 1851, ce système n'a pas eu d'application pratique. Un Américain du nom de Page fit, en 1837, une découverte qui se rattache à la même

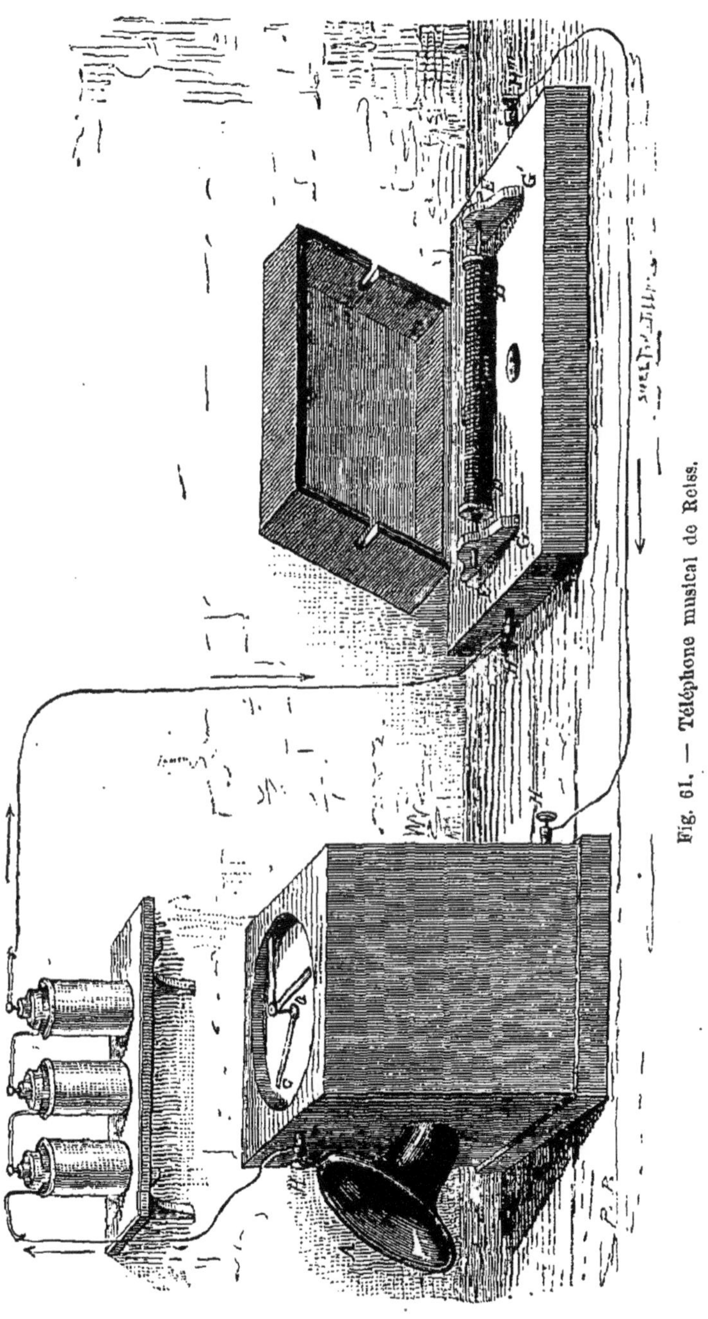

Fig. 61. — Téléphone musical de Reiss.

question. Il constata que lorsqu'on place une barre de fer de petite épaisseur dans une spirale formée par un fil de laiton, si l'on

dirige dans cette spirale un courant électrique énergique, chaque
fois que l'on ferme ou que l'on rompt le circuit, il se produit un
son momentané qui est plutôt un bruit qu'un son musical.
Marriau, de la Rive, Wertheim étudièrent, dans diverses expériences, la nature et les propriétés de ces sons galvaniques. Puis,
en 1860, Reiss construisit un *téléphone musical* fondé sur cette
découverte. Devant une boîte sonore qui présentait, pour recevoir
les sons, un pavillon A (fig. 61) largement ouvert, un instrument
de musique ou même un chanteur exécutait un morceau. Au
moyen d'un appareil intérieur mis en relation avec un courant
électrique HH'H"H"', cette boîte sonore, appelée le *transmetteur*,
envoyait le courant, fréquemment interrompu, dans une seconde

Fig. 62. — Téléphone à ficelle.

boîte nommée le *récepteur*. Là ce courant rencontrait une bobine
D, dans l'intérieur de laquelle était une tringle de fer E. Sous
l'influence du courant, cette tringle, subissant une série rapide
d'aimantations et de désaimantations, redisait les sons musicaux
qui s'étaient fait entendre devant le transmetteur. Plusieurs autres
téléphones musicaux furent imaginés après celui-ci; mais en
1876 parut le *téléphone parlant*. Ce fut un événement scientifique.

Jusqu'à cette époque on avait bien pensé à reproduire des sons
simples et bien définis, comme ceux d'un instrument de musique,
ou de la voix d'un chanteur qui vocalise. Quant à la parole humaine articulée, on savait la transmettre, mais non pas en faire
renaître une imitation dans un appareil placé à distance. Outre
les tubes acoustiques, dont nous avons parlé plus haut, il existait
depuis longtemps un petit appareil vulgaire auquel on a donné
récemment le nom de *téléphone à ficelle*. La première mention de
ce petit appareil remonte à 1667 et se trouve dans un écrit du physicien anglais Robert Hooke. « Il n'est pas impossible, dit-il,
d'entendre un bruit à grande distance, car on y est déjà parvenu.
On n'a pas encore examiné à fond jusqu'où pouvaient atteindre les
moyens acoustiques, ni comment on pouvait impressionner l'ouïe
par l'intermédiaire d'autres milieux que l'air. Je puis affirmer
qu'en employant un fil tendu, j'ai pu transmettre instantanément
le son à une grande distance, et avec une vitesse incomparable-

ment plus grande que celle qu'il a dans l'air. » Les téléphones à ficelle sont constitués par deux entonnoirs en métal ou en carton, ayant la forme de gobelets, dont le fond est fermé par une membrane de parchemin tendu; au centre de cette membrane est fixée, par un nœud, une ficelle ou un cordon qui va par l'autre bout se fixer de même à l'autre entonnoir. Lorsque l'on veut communiquer à l'aide de cet instrument, les deux interlocuteurs se placent à une distance telle, que le fil soit bien tendu; puis l'un des interlocuteurs parle à voix basse très près de l'ouverture de l'entonnoir qui est entre ses mains; pendant ce temps, l'autre personne tient le second entonnoir appliqué sur son oreille; elle entend très nettement les paroles prononcées à voix basse à l'autre bout du fil; il lui semble qu'on les dit à mi-voix près de son oreille. On a vu des fils de soie de cent et cent cinquante mètres fonctionner ainsi facilement, pourvu qu'ils fussent bien tendus.

Mais cet appareil n'a aucun rapport avec l'invention que fit connaître, en 1876, le professeur Graham Bell. C'était à l'exposition de Philadelphie. L'inventeur le nommait *téléphone électrique*. Cet appareil, au moyen de simples fils conducteurs de l'électricité, transmettait à de grandes distances les paroles et même le chant. Graham Bell est un Écossais, originaire d'Édimbourg, et actuellement naturalisé Américain. Son succès fut immense à chacune des séances téléphoniques qu'il donna à l'exposition; mais il fit subir à son téléphone de nouveaux perfectionnements et le présenta, le 12 février 1877, à l'Institut d'Essex, à Salem, dans l'état de Massachusetts; là, devant six cents personnes, le professeur Graham Bell parut sur une estrade; devant lui était installé son appareil; une sorte de pupitre le tenait à hauteur convenable. Deux fils conducteurs étaient attachés à l'instrument, et, s'élevant vers le plafond, sortaient de la salle par deux trous distincts; ces deux fils conducteurs, partis de la salle où opérait Graham Bell, à Salem, s'étendaient jusqu'à Boston, à vingt-deux kilomètres de là, et pénétraient dans une chambre où étaient réunies huit personnes. Les deux fils se rattachaient à un appareil disposé pour reproduire les sons. Les huit assistants se tenaient l'oreille tendue groupés autour de l'instrument. Graham Bell, à Salem, se pencha vers son instrument et prononça, près de l'embouchure, une allocution à haute voix. Toutes ses paroles furent entendues à l'instant des observateurs placés à Boston; ils répondirent alors par un autre discours, que l'auditoire de Salem entendit distinctement à mesure qu'il était prononcé. Devant ce résultat, les six cents spectateurs éclatèrent en applaudissements frénétiques, que le téléphone impassible et fidèle transmit aussitôt aux huit auditeurs de Boston.

Ainsi le téléphone électrique est un instrument propre à faire entendre la parole humaine en la reproduisant à distance; cette reproduction implique même le chant, paroles et musique. C'est, à coup sûr, un des instruments de physique les plus curieux. L'on était loin de s'attendre à une reproduction si complète des sons articulés. Le physicien écossais sir William Thomson ayant entendu fonctionner, à l'exposition de Philadelphie, le téléphone de Graham Bell, revint en Europe ravi et profondément étonné d'un pareil résultat. En septembre 1876, il en rendit compte à l'Association britannique pour l'avancement des sciences réunie à Glasgow. Voici les termes dans lesquels il exprimait son admiration et sa surprise :

« J'ai entendu ces mots : *Être ou ne pas être, tel est le problème*, articulés à travers un fil télégraphique, et la prononciation électrique ne faisait qu'accentuer encore l'expression ironique de cette exclamation. Le fil m'a récité aussi des extraits pris au hasard dans les journaux de New-York. Tout cela, mes oreilles l'ont entendu articulé très distinctement par le mince disque circulaire qui forme l'armature d'un électro-aimant. C'était mon collègue du jury, le professeur Watson, qui, à l'autre extrémité de la ligne, proférait ces paroles à haute et intelligible voix, en appliquant sa bouche contre une membrane tendue munie d'une petite pièce de fer doux, laquelle exécutait, près d'un électro-aimant introduit dans le circuit de la ligne, des mouvements proportionnés aux vibrations sonores de l'air. Cette découverte, la merveille des merveilles du télégraphe électrique, est due à un de nos jeunes compatriotes, aujourd'hui naturalisé citoyen de l'Union. On ne peut qu'admirer la hardiesse d'invention qui a permis de réaliser, avec des moyens aussi simples, le problème si complexe de faire reproduire par l'électricité les intonations et les articulations si délicates de la voix et du langage. » Ce passage de la communication du savant physicien signale, en effet, ce que cette invention offre de plus étonnant. Il ne s'agit pas ici d'une transmission de la parole elle-même d'un bout à l'autre d'une ligne de vingt à vingt-deux kilomètres, par exemple. Cela ne ressemble en rien à ce qui pourrait se passer dans un tube où les vibrations sonores se transmettraient de la bouche de l'interlocuteur à l'oreille de l'auditeur. Le moyen de communication est ici un circuit de courant électrique fermé; ce circuit part du *transmetteur* ou *parleur* devant lequel parle l'interlocuteur et va se rendre au *récepteur* qui est devant l'oreille de l'auditeur. La personne qui

parle devant le transmetteur agit, par les vibrations de sa parole,
sur un électro-aimant qui y est placé. Cette action est transmise,
par les fils conducteurs, à un autre électro-aimant situé dans le

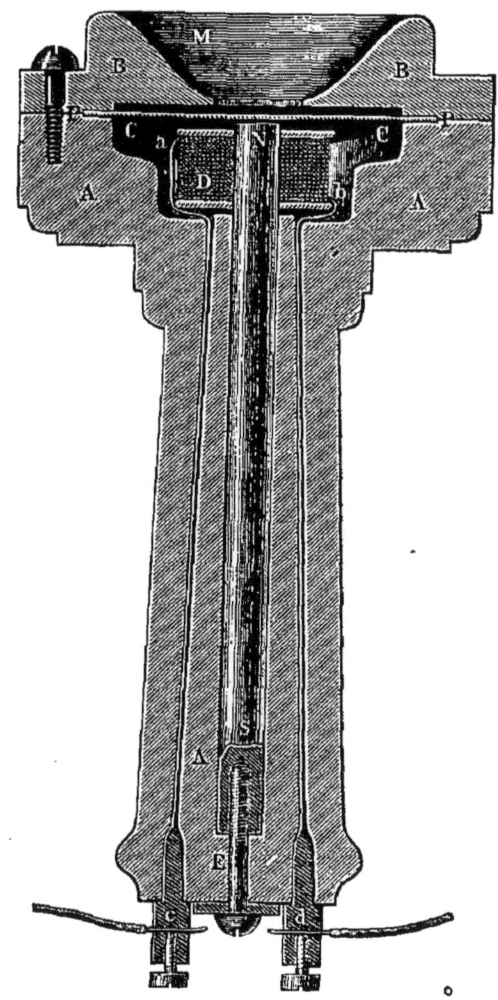

Fig. 63. — Coupe longitudinale du téléphone de Graham Bell. (Le parleur
et le récepteur sont deux instruments pareils.)

PP, plaque mince de fer doux; — NS, barreau aimanté; — D, courte bobine portant
enroulé un fil métallique très fin, recouvert de soie; les deux extrémités *a* et *b* de
ce fil aboutissent à deux fils plus gros, qui vont en *c* et *d* se joindre aux fils
conducteurs de la ligne. On place contre la concavité M la bouche pour parler, ou
l'oreille pour écouter.

récepteur, et cet électro-aimant fait naître des sons articulés imitant d'une façon très nette les paroles de l'interlocuteur.

L'application de cette belle découverte aux usages de la vie ne

s'est pas fait attendre. D'abord de nombreux perfectionnements ont
fait naître des types très variés de téléphones. En même temps on
organisait en Amérique de nombreux réseaux de communications
téléphoniques à l'usage du public. Bien qu'à Paris les choses aient
marché moins vite, dès 1882, c'est-à-dire six ans après l'exposition
de Philadelphie, il existait déjà un bureau central des téléphones
et dix bureaux de quartier. Tous ces bureaux desservaient

Fig. 64. — Une conversation par téléphone.

4000 abonnés, ayant chacun sa ligne téléphonique particulière.
Chaque abonné a chez lui, à sa disposition, une *sonnerie d'appel*
dont il lui suffit de presser le bouton pour prévenir le bureau
central qu'il a besoin de communiquer. L'abonné a chez lui, en
outre', deux récepteurs (un pour chaque oreille) pour entendre, et
un transmetteur pour parler. Dès qu'il a donné un signal par la
sonnerie', il met à chaque oreille un récepteur pour entendre le
signal par lequel va lui répondre le bureau central. Ce signal
entendu, arrive une question de l'employé demandant les ordres
de l'abonné qui l'interpelle; celui-ci, usant alors de son transmetteur, fait connaître le nom et l'adresse d'un autre abonné avec
lequel il veut correspondre; aussitôt l'employé du bureau central

réunit par un fil conducteur les lignes des deux abonnés, et dès lors ils peuvent communiquer directement.

L'art de la télégraphie est donc arrivé à un très haut point de perfection. Non seulement on transmet la pensée au moyen de signes convenus ou de caractères d'écriture, mais on sait même maintenant reproduire la parole de façon à supprimer la distance qui sépare deux interlocuteurs. Cependant, si le téléphone a le mérite de transmettre la parole elle-même, il est loin de pouvoir opérer à des distances comparables à celles auxquelles atteint le télégraphe ; tandis que celui-ci traverse les océans, le téléphone n'a pas encore franchi de distance supérieure à 400 kilomètres.

ÉPILOGUE

———

Lorsqu'on ouvre un livre qui raconte l'histoire des grandes inventions dont se glorifie l'humanité, on est surtout préoccupé de la gloire des hommes qui nous les ont procurées. On se prépare à suivre avec bonheur l'épanouissement des idées grandes et utiles au milieu de la foule les accueillant avec admiration et reconnaissance. Mais, lorsqu'on a lu le livre, on s'aperçoit qu'une pareille histoire renferme plus de pages douloureuses que d'hymnes de triomphe et de chants d'actions de grâce. Quel long et pénible enfantement que celui d'une idée nouvelle! que de travaux et de veilles pour arriver à la réaliser! Combien de fois faut-il remanier ou reprendre son œuvre avant qu'elle approche de ce qu'on a rêvé! Et pendant ce labeur sans trêve ni relâche, qui vient soutenir ou encourager l'inventeur? Parfois un ou deux amis confidents de ses espérances, de ses déceptions, de ses succès et de ses peines. Personne quelquefois; et le malheureux chemine seul à la poursuite de son beau rêve dont il prétend faire une réalité. Il voit clairement dans l'avenir ce que nul n'y voit encore. Viennent bientôt les dédains et les moqueries de la foule qui ne sait pas, qui ne comprend pas. Elle se défie de ceux qui s'écartent des chemins battus et semblent aspirer à l'impossible. Dans cette lutte contre les difficultés des choses et les méfiances des hommes, que de fois viennent à manquer les ressources matérielles, les forces physiques, quelquefois même les forces intellectuelles! Plus d'un est mort sur son œuvre inachevée; mais quelqu'autre la reprend, et le spectacle de tant d'épreuves n'en décourage aucun. Tant est grand chez l'homme le besoin de réaliser ce qu'il a conçu, et de laisser après lui un souvenir durable! Pour atteindre ce but, il n'est peines ni souffrances qui ne soient affrontées sans compter. Voilà pourquoi la postérité, qui jouit de leurs travaux et qui peut enfin comprendre leur noble ambition, doit aux grands inventeurs un si beau tribut de reconnaissance. Bienfaiteurs de l'humanité, ils ont combattu et souffert pour laisser après eux quelque chose d'utile; bénie soit leur mémoire, car ils se sont oubliés eux-mêmes pour rendre service à leurs semblables.

FIN

TABLE

CHAPITRE IV

DESCRIPTION D'UNE MACHINE A VAPEUR

CHAPITRE V

L'INVENTION DU PARATONNERRE

CHAPITRE VI

LES BALLONS

CHAPITRE VII

L'ÉCLAIRAGE AU GAZ

CHAPITRE VIII

LES BATEAUX A VAPEUR

CHAPITRE IX.

LE CHEMIN DE FER ET LA LOCOMOTIVE

CHAPITRE X

LE DAGUERRÉOTYPE ET LA PHOTOGRAPHIE

CHAPITRE XI

LA PILE VOLTAÏQUE ET L'ÉLECTRO-CHIMIE

CHAPITRE XII

LA MÉTALLURGIE ÉLECTRIQUE

CHAPITRE XIII

LES DÉBUTS DE LA TÉLÉGRAPHIE

CHAPITRE XIV

LA TÉLÉGRAPHIE ÉLECTRIQUE

1776. — Tours, impr. Mame.